Hernán P. Quispe Misaico
Dinner R. Licapa Redolfo

Problemas Resueltos de Ingeniería de las Reacciones Químicas

Hernán P. Quispe Misaico
Dinner R. Licapa Redolfo

Problemas Resueltos de Ingeniería de las Reacciones Químicas

Para Ingeniería Química

Editorial Académica Española

Imprint
Any brand names and product names mentioned in this book are subject to trademark, brand or patent protection and are trademarks or registered trademarks of their respective holders. The use of brand names, product names, common names, trade names, product descriptions etc. even without a particular marking in this work is in no way to be construed to mean that such names may be regarded as unrestricted in respect of trademark and brand protection legislation and could thus be used by anyone.

Cover image: www.ingimage.com

Publisher:
Editorial Académica Española
is a trademark of
Dodo Books Indian Ocean Ltd., member of the OmniScriptum S.R.L Publishing group
str. A.Russo 15, of. 61, Chisinau-2068, Republic of Moldova Europe
Printed at: see last page
ISBN: 978-620-3-03706-7

ÍNDICE

INTRODUCCIÓN

La Ingeniería Química se encarga de la concepción y de la implantación de las transformaciones químicas a la escala industrial. Esta disciplina hoy en día permite identificar principios comunes en la solución de diversos problemas. Se puede decir que no hay diferencia fundamental en el tratamiento de un reactor, de un destilador o de un secador, ya que la metodología es la misma: establecer un modelo matemático a partir de los balances de materia, de energía y de cantidad de movimiento.

Los aparatos donde tiene lugar las reacciones químicas, principalmente para fines de producción industrial, se denominan reactores químicos. Su variedad responde a la de las reacciones químicas, pero también dependen de la diversidad de sus métodos de tratamiento de la carga, de su evolución en el tiempo, de su grado de mezclado y de la forma en que sus fases son puestas en contacto a fin de obtener los productos deseados en las condiciones óptimas, se puede afirmar que el reactor químico constituye el "núcleo" del proceso químico.

La Ingeniería de las reacciones químicas se ocupa del diseño y operación de los aparatos donde se llevan a cabo las transformaciones químicas a escala industrial: reactores químicos; puede decirse que es la disciplina que cuantifica la influencia de los fenómenos de transporte y la cinética, para relacionar el funcionamiento de los reactores con las condiciones y variables de entrada:

Funcionamiento del reactor = f (entrada, cinética, contacto)

El diseño del reactor nos lleva a determinar el diseño de proceso (parámetros óptimos de operación) y no al diseño mecánico del reactor. Para el diseño de un reactor químico se considera dos aspectos fundamentales:

- Seleccionar el mejor tipo de reactor para una reacción química en particular, y
- Cómo estimar el tamaño requerido y cómo determinar las condiciones óptimas de operación.

El Ingeniero durante el diseño utiliza sus conocimientos e inventiva para idear las soluciones e investiga métodos alternativos para obtener buenos resultados.

El presente compendio de problemas resueltos de Ingeniería de las Reacciones químicas ha sido elaborado para estimular al estudiante en la concepción, aprehensión de la materia y para la obtención de soluciones significativas a la compleja realidad de las reacciones químicas.

El orden del material y el nivel con que se presenta han sido cuidadosamente escogidos para que el estudiante novato pueda avanzar en forma gradual, de los conceptos más elementales a los más complejos.

CAPITULO I

REVISIÓN DE CONCEPTOS FUNDAMENTALES

Estequiometría: Regla general

La ecuación estequiométrica de una reacción es:

$$aA + bB \rightarrow rR + sS$$

Entonces, se tiene el siguiente balance molar

$$\frac{\Delta N_A}{a} = \frac{\Delta N_B}{b} = \frac{\Delta N_R}{r} = \frac{\Delta N_S}{s}$$

Conversión o Fracción convertida la fracción convertida de una especie química A en una reacción química es la relación entre el número de moles de A que reacciona y el número de moles iniciales de A introducido en el reactor:

$$X_A = \frac{N_A^0 - N_A}{N_A^0}$$

$$N_A = N_A^0(1 - X_A)$$

$$N_A^0 X_A = N_A^0 - N_A$$

$$N_A^0 X_A = \Delta N_A$$

Concentración Molar es el número de moles de una especie A en función del volumen.

Para volumen constante:

$$C_A = \frac{N_A}{V}$$

Para volumen variable: $N_A = N_A^0(1 - X_A)$ y $V = V_0(1 + \varepsilon_A X_A)$

Entonces:

$$C_A = \frac{N_A^0(1 - X_A)}{V_0(1 + \varepsilon_A X_A)} = C_A^0 \frac{(1 - X_A)}{(1 + \varepsilon_A X_A)}$$

Velocidad de una reacción química

Sea la reacción: A → Productos

$$-r_A = kC_A^n$$

Dónde: k = constante de velocidad; y   n = Orden de reacción

Unidades de la constante de velocidad Para una ecuación de velocidad general del tipo:

$$-r_A = kC_A^n \quad o \quad -\frac{dC_A}{dt} = kC_A^n$$

Se tiene que las unidades de la constante de velocidad siempre serán del tipo:

$$\left[\frac{mol}{volumen * tiempo}\right] = k\left[\frac{mol}{volumen}\right]^n \quad y \quad k = \left[\frac{mol}{volumen}\right]^{1-n}[tiempo]^{-1}$$

Efecto de la temperatura en la velocidad de una reacción química

$$k = k_0 e^{\frac{-E}{RT}} \quad Ley\ de\ Arrhenius \quad Ln\ k = Ln\ k_0 - \frac{E}{R}\left[\frac{1}{T}\right]$$

Reacciones isotérmicas a volumen constante

Las reacciones que cumplen la condición de volumen constante son:

1. Las reacciones en fase líquida
2. Las reacciones en fase gaseosa donde $\Delta n = 0$ (Δn es la sumatoria de los coeficientes estequiométricos de los productos gaseosos sustraído de la sumatoria de los coeficientes estequiométricos de los reactantes gaseosos en una reacción química)

Tabla estequiométrica

Sea la reacción química:

$$aA + bB \rightarrow rR + sS$$

Entonces, se tiene el siguiente balance molar

$$\frac{\Delta N_A}{a} = \frac{\Delta N_B}{b} = \frac{\Delta N_R}{r} = \frac{\Delta N_S}{s}$$

$$\Delta N_B = \frac{b}{a}\Delta N_A = \frac{b}{a}N_A^0 X_A$$

$$\Delta N_R = \frac{r}{a}\Delta N_A = \frac{r}{a}N_A^0 X_A$$

$$\Delta N_S = \frac{s}{a}\Delta N_A = \frac{s}{a}N_A^0 X_A$$

Operaciones discontinuas

$$aA + bB \rightarrow rR + sS$$

$$\text{En el tiempo } t = 0 \rightarrow N_A^0;\ N_B^0;\ N_R^0 \text{ y } N_S^0$$

$$\text{En el tiempo } t = t \rightarrow N_A;\ N_B;\ N_R \text{ y } N_S$$

Especie	Inicio de reacción	Reaccionante	Final de la reacción
A	N_A^0	$-N_A^0 X_A$	$N_A^0 - N_A^0 X_A$
B	N_B^0	$-\dfrac{b}{a} N_A^0 X_A$	$N_B^0 - \dfrac{b}{a} N_A^0 X_A$
R	N_R^0	$+\dfrac{r}{a} N_A^0 X_A$	$N_R^0 + \dfrac{r}{a} N_A^0 X_A$
S	N_S^0	$+\dfrac{s}{a} N_A^0 X_A$	$N_S^0 + \dfrac{s}{a} N_A^0 X_A$
I	N_I^0	----	N_I^0

Es común la representación de los parámetros de la reacción en función de las concentraciones, tanto, como la concentración es función del volumen una tabla estequiométrica debe ser montada para N (número de moles) y en seguida aplicar a reacciones químicas con volumen variable (donde $\varepsilon_A \neq 0$).

Para las reacciones químicas con volumen variable ($V = V_0(1 + \varepsilon_A X_A)$), se tiene:

Especie	Inicio de reacción	Final de la reacción (N)	Final de la reacción (C_i)
A	N_A^0	$N_A^0 - N_A^0 X_A$	$C_A^0 \dfrac{(1 - X_A)}{(1 + \varepsilon_A X_A)}$
B	N_B^0	$N_B^0 - \dfrac{b}{a} N_A^0 X_A$	$\dfrac{C_B^0 - \dfrac{b}{a} C_A^0 X_A}{(1 + \varepsilon_A X_A)}$
R	N_R^0	$N_R^0 + \dfrac{r}{a} N_A^0 X_A$	$\dfrac{C_R^0 + \dfrac{r}{a} C_A^0 X_A}{(1 + \varepsilon_A X_A)}$
S	N_S^0	$N_S^0 + \dfrac{s}{a} N_A^0 X_A$	$\dfrac{C_S^0 + \dfrac{s}{a} C_A^0 X_A}{(1 + \varepsilon_A X_A)}$
I	N_I^0	N_I^0	$\dfrac{C_I^0}{(1 + \varepsilon_A X_A)}$

Para las reacciones químicas con volumen constante (donde $\varepsilon_A = 0$), se tiene que:

Especie	Inicio de reacción	Final de la reacción (N)	Final de la reacción (C_i)
A	N_A^0	$N_A^0 - N_A^0 X_A$	$C_A^0 - C_A^0 X_A$
B	N_B^0	$N_B^0 - \dfrac{b}{a} N_A^0 X_A$	$C_B^0 - \dfrac{b}{a} C_A^0 X_A$
R	N_R^0	$N_R^0 + \dfrac{r}{a} N_A^0 X_A$	$C_R^0 + \dfrac{r}{a} C_A^0 X_A$
S	N_S^0	$N_S^0 + \dfrac{s}{a} N_A^0 X_A$	$C_S^0 + \dfrac{s}{a} C_A^0 X_A$
I	N_I^0	N_I^0	C_I^0

Operaciones continuas

$$aA + bB \rightarrow rR + sS$$

En el tiempo $t = 0 \rightarrow F_A^0;\ F_B^0;\ F_R^0\ y\ F_S^0$

En el tiempo $t = t \rightarrow F_A;\ F_B;\ F_R\ y\ F_S$

Especie	Inicio de reacción	Reaccionante	Final de la reacción
A	F_A^0	$-F_A^0 X_A$	$F_A^0 - F_A^0 X_A$
B	F_B^0	$-\dfrac{b}{a} F_A^0 X_A$	$F_B^0 - \dfrac{b}{a} F_A^0 X_A$
R	F_R^0	$+\dfrac{r}{a} F_A^0 X_A$	$F_R^0 + \dfrac{r}{a} F_A^0 X_A$
S	F_S^0	$+\dfrac{s}{a} F_A^0 X_A$	$F_S^0 + \dfrac{s}{a} F_A^0 X_A$
I	F_I^0	---	F_I^0

Como la concentración es función del volumen, y para una operación continua:

$$C_i = \frac{F_i}{V}$$

Para las reacciones químicas con volumen variable ($V = V_0(1 + \varepsilon_A X_A)$), se tiene:

Especie	Inicio de reacción	Final de la reacción (N)	Final de la reacción (C_i)
A	F_A^0	$F_A^0 - F_A^0 X_A$	$C_A^0 \dfrac{(1 - X_A)}{(1 + \varepsilon_A X_A)}$
B	F_B^0	$F_B^0 - \dfrac{b}{a} F_A^0 X_A$	$\dfrac{C_B^0 - \dfrac{b}{a} C_A^0 X_A}{(1 + \varepsilon_A X_A)}$
R	N_R^0	$F_R^0 + \dfrac{r}{a} F_A^0 X_A$	$\dfrac{C_R^0 + \dfrac{r}{a} C_A^0 X_A}{(1 + \varepsilon_A X_A)}$
S	N_S^0	$F_S^0 + \dfrac{s}{a} F_A^0 X_A$	$\dfrac{C_S^0 + \dfrac{s}{a} C_A^0 X_A}{(1 + \varepsilon_A X_A)}$
I	N_I^0	F_I^0	$\dfrac{C_I^0}{(1 + \varepsilon_A X_A)}$

Para las reacciones químicas con volumen constante (donde $\varepsilon_A = 0$), se tiene que:

Especie	Inicio de reacción	Final de la reacción (N)	Final de la reacción (C_i)
A	F_A^0	$F_A^0 - F_A^0 X_A$	$C_A^0 - C_A^0 X_A$
B	F_B^0	$F_B^0 - \dfrac{b}{a} F_A^0 X_A$	$C_B^0 - \dfrac{b}{a} C_A^0 X_A$
R	F_R^0	$F_R^0 + \dfrac{r}{a} F_A^0 X_A$	$C_R^0 + \dfrac{r}{a} C_A^0 X_A$
S	F_S^0	$F_S^0 + \dfrac{s}{a} F_A^0 X_A$	$C_S^0 + \dfrac{s}{a} C_A^0 X_A$
I	F_I^0	F_I^0	C_I^0

ECUACIONES GENERALES PARA REACTORES IDEALES

Reactor batch ideal

En forma general se tiene:

$$Entrada = Salida + Reacción + Acumulación$$

En un reactor discontinuo o batch, no existe entrada ni salida; por tanto:

$$Reacción = -Acumulación$$

$$Reacción = \begin{bmatrix} Velocidad\ de\ consumo \\ del\ reactante\ A\ dentro \\ del\ reactor\ debido\ a\ la \\ reacción\ química \end{bmatrix} = (-r_A)V$$

$$Acumulación = \begin{bmatrix} Acumulación\ de\ A \\ (moles/tiempo) \end{bmatrix} = \frac{dN_A}{dt} = \frac{d[N_A^0(1-X_A)]}{dt} = -N_A^0\frac{dX_A}{dt}$$

Igualando las ecuaciones:

$$(-r_A)V = -\frac{dN_A}{dt} \quad \rightarrow \quad (-r_A)V = -\left[-N_A^0\frac{dX_A}{dt}\right]$$

Reordenando, se tiene:

$$dt = \frac{N_A^0 dX_A}{(-r_A)V} \quad Finalmente \quad t = N_A^0\int_0^{X_A}\frac{dX_A}{(-r_A)V}$$

Ecuación general de diseño del reactor batch.

Reactor de flujo mezclado ideal o Reactor tipo tanque de agitación continua ideal

En forma general se tiene:

$$Entrada = Salida + Reacción + Acumulación$$

En un reactor de flujo mezclado o Reactor tipo de tanque de agitación continua, no existe acumulación; por tanto:

$$Entrada = Salida + Reacción$$

Entrada de A, mol/tiempo = F_A^0

Salida de A, mol/tiempo = $F_A = F_A^0(1-X_A) = F_A^0 - F_A^0 X_A$

Reacción = Consumo = $(-r_A)V$

Reemplazamos en la ecuación inicial:

$$Entrada = Salida + Reacción$$

$$F_A^0 = F_A^0 - F_A^0 X_A + (-r_A)V$$

$$F_A^0 X_A = (-r_A)V \quad \rightarrow \quad V = \frac{F_A^0 X_A}{(-r_A)}$$

Ecuación General de diseño del RTAC

Reactor tubular ideal

En forma general se tiene:

$$Entrada = Salida + Reacción + Acumulación$$

En un reactor tubular ideal, no existe acumulación, y la ecuación general de balance de materia en el reactor tubular se reduce a:

$$Entrada = Salida + Reacción$$

Entrada de A, mol/tiempo = $F_A = F_A^0(1 - X_A) = F_A^0 - F_A^0 X_A$

Salida de A, mol/tiempo = $F_A + dF_A$

Reacción = Consumo = $(-r_A)dV$

Reemplazando en la Ecuación reducida:

$$Entrada = Salida + Reacción$$

$$F_A = F_A + dF_A + (-r_A)dV$$

$$(-r_A)dV = -dF_A$$

Si $F_A = F_A^0(1 - X_A)$ entonces $dF_A = F_A^0 dX_A$

Entonces: $(-r_A)dV = F_A^0 dX_A \quad$ *reordenando se tiene* $\ dV = \dfrac{F_A^0 dX_A}{(-r_A)}$

Integrando:

$$\int_0^V dV = F_A^0 \int_0^{X_A} \frac{dX_A}{(-r_A)} \quad \rightarrow \quad V = F_A^0 \int_0^{X_A} \frac{dX_A}{(-r_A)}$$

Ecuación general de diseño de reactor tubular

CAPITULO II

CINÉTICA QUÍMICA

PROBLEMA N° 1

Para la reacción siguiente, indique como se relaciona la velocidad de desaparición de cada reactivo con la velocidad de aparición de cada producto:

$$B_2H_{6(g)} + 3O_{2(g)} \rightarrow B_2O_{3(s)} + 3H_2O_{(g)}$$

Solución:

Inicialmente expresaremos la velocidad de reacción en términos de la desaparición de $B_2H_{6(g)}$:

$$-r_A = \frac{\Delta[B_2H_6]}{\Delta t}$$

La expresión lleva el signo negativo, para que la velocidad resulte positiva, ya que la concentración del reactivo va disminuyendo con el tiempo. Para tener la relación de esta velocidad con la velocidad de desaparición del O_2, se debe emplear la ecuación balanceada y la equivalencia estequiométrica, que indica que 1 mol de B_2H_6 reacciona con 3 moles de O_2, o sea que la velocidad de desaparición del O_2 es 3 veces mayor que la velocidad de desaparición de B_2H_6, ya que cuando desaparece 1 mol de B_2H_6 al mismo tiempo desaparecen 3 moles de O_2. Como la velocidad de desaparición del O_2 es 3 veces mayor que la velocidad de desaparición del B_2H_6, para igualar ambas velocidades se debe multiplicar la velocidad de desaparición de O_2 por 1/3, quedando entonces:

$$r_A = -\frac{\Delta[B_2H_6]}{\Delta t} = -\frac{1}{3} \times \frac{\Delta[O_2]}{\Delta t}$$

Haciendo un razonamiento análogo se relaciona la velocidad de desaparición de B_2H_6 con la velocidad de aparición de cada uno de los productos. La velocidad de aparición de B_2O_3 es igual a la velocidad de desaparición de

B_2H_6, ya que ambos tienen el mismo coeficiente estequiometrico igual a 1 en la ecuación balanceada, por lo tanto:

$$r_A = -\frac{\Delta[B_2H_6]}{\Delta t} = -\frac{1}{3} \times \frac{\Delta[O_2]}{\Delta t} = \frac{\Delta[B_2O_3]}{\Delta t}$$

La expresión para la velocidad de aparición de B_2O_3 es positiva, debido a que la concentración de esta especie aumenta con el transcurrir del tiempo. Lo mismo ocurre con el agua, que también es un producto de la reacción. La velocidad de aparición de agua es 3 veces mayor que la velocidad de desaparición de B_2H_6 y, al igual que con él O_2, se tiene que multiplicar la primera por 1/3 para igualarlas, quedando entonces:

$$r_A = -\frac{\Delta[B_2H_6]}{\Delta t} = -\frac{1}{3} \times \frac{\Delta[O_2]}{\Delta t} = \frac{\Delta[B_2O_3]}{\Delta t} = \frac{1}{3} \times \frac{\Delta[H_2O]}{\Delta t}$$

Si se analiza la expresión obtenida finalmente, que relaciona la velocidad de desaparición de reactantes con las velocidades de aparición de los productos, se puede observar que para realizar de manera más sencilla esta relación, basta multiplicar cada expresión de velocidad por el recíproco del coeficiente estequiométrica que le corresponde a la especie en la ecuación balanceada.

PROBLEMA N° 2

La reacción:

$$SO_2Cl_{2(g)} \rightarrow SO_{2(g)} + Cl_{2(g)}$$

Es de primer orden con respecto a SO_2Cl_2. Con los datos cinéticos siguientes, determine la magnitud de la constante de velocidad de primer orden.

Tiempo	(s)	0	2500	5000	7500	10000
Presión (SO_2Cl_2)	(atm)	1	0.947	0.895	0.848	0.803

Solución:

Método 1: Consistencia de k

El método de consistencia de la constante específica de velocidad de reacción consiste en calcular el valor de k para cada intervalo de medición, para ello emplearemos la ecuación de velocidad integrada de primer orden. El valor de k debe informarse como el valor promedio de los k calculados.

$$Ln[A] = Ln[A]_o - k \times t$$

Reordenando se obtiene que:

$$Ln[A]_o - Ln[A] = k \times t$$

Primer intervalo:

$$t_o = 0 \; s \qquad LnP_o = 0$$
$$t = 2500 \; s \qquad LnP = -0.05446$$
$$Ln[A]_o - Ln[A] = k \times t$$
$$0 - (-0.05446) = k \times 2500$$
$$k_1 = 2.17825 \times 10^{-5} s^{-1}$$

Segundo intervalo:

$$t_o = 2500 \; s \qquad LnP_o = -0.05446$$
$$t = 5000 \; s \qquad Ln \, P = -0.11093$$
$$Ln[A]_o - Ln[A] = k \times t$$
$$-0.05446 - (-0.11093) = k \times 2500$$
$$k_2 = 2.25901 \times 10^{-5} s^{-1}$$

Tercer intervalo:

$$t_o = 5000 \; s \qquad LnP_o = -0.11093$$
$$t = 7500 \; s \qquad Ln \, P = -0.16488$$
$$Ln[A]_o - Ln[A] = k \times t$$
$$-0.11093 - (-0.16488) = k \times 2500$$
$$k_3 = 2.15772 \times 10^{-5} s^{-1}$$

Cuarto intervalo:

$$t_o = 7500 \; s \qquad LnP_o = -0.11093$$
$$t = 10000 \; s \qquad Ln \, P = -0.21940$$
$$Ln[A]_o - Ln[A] = k \times t$$

$$-0.11093 - (-0.21940) = k \times 2500$$

$$k_4 = 2.18104 \times 10^{-5} s^{-1}$$

Entonces: $k_{Promedio} = 2.19401 \times 10^{-5} s^{-1}$

Método 2: Método gráfico

Consiste en utilizar la ecuación integrada de la reacción de primer orden y llevarlo a una ecuación de una línea recta de la forma:

$$Ln[A] = Ln[A]_o - k \times t$$

$$Ln[P] = Ln[P]_o - k \times t$$

Por lo tanto, si graficamos $Ln[P]$ *versus* t, se obtendrá una recta con una pendiente igual a –k y una constante igual a $Ln[P]_o$.

Tiempo (s)	P (atm)	Ln (P)
0	1	0
2500	0.947	-0.05445619
5000	0.895	-0.11093156
7500	0.848	-0.16487464
10000	0.803	-0.21940057

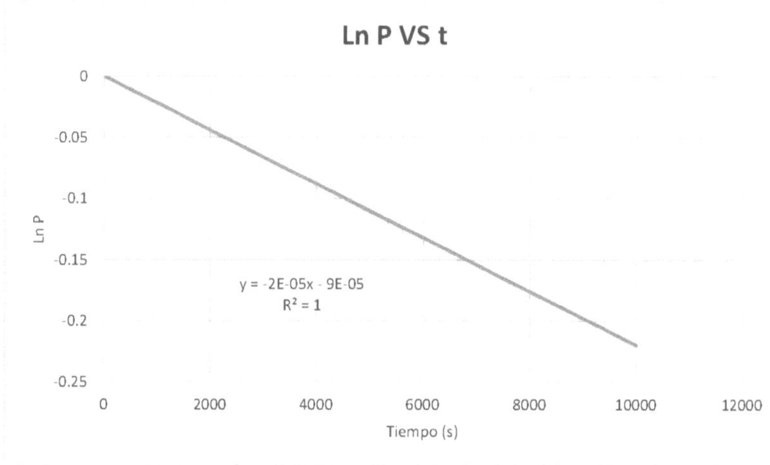

Del grafico se determina que el orden de la reacción es de primer orden y el valor de la constante específica es de $2 \times 10^{-5} s^{-1}$.

PROBLEMA Nº 3

De los tres tipos posibles de reacciones de tercer orden, las más comunes son las del tipo:

$$-\frac{d[A]}{dt} = k \times [A]^2 \times [B]$$

Es decir, primer orden con respecto a uno de los reactivos y segundo orden con respecto a otro. Casi todas son reacciones de NO con otras sustancias como O_2, H_2, Cl_2, Br_2, etc.

$$2NO + Cl_2 \rightarrow 2NOCl$$

$$2NO + O_2 \rightarrow 2NO_2$$

Es decir, del tipo $2A + B \rightarrow Productos$

Si a y b son las concentraciones iniciales de A y B respectivamente y x la concentración de A que se ha transformado, obtener las expresiones de velocidad de reacción en forma diferencial e integrada.

solución

Si la reacción general lo expresamos como:

	2ª	+	B	→	Productos
t=0	A		b		0
t=1	a-2x		b-x		x

$$\frac{dx}{dt} = k(a - 2x)^2(b - x)$$

$$\frac{dx}{(a - 2x)^2(b - x)} = kdt$$

Esta ecuación puede ser integrada resolviendo por fracciones parciales

$$\frac{1}{(a - 2x)^2(b - x)} = \frac{px + q}{(a - 2x)^2} + \frac{z}{(b - x)}$$

$$1 = px(b - x) + q(b - x) + z(a - 2b)^2$$

Esto se reduce a: $1 = qb + za^2 + (pb - q - 4za)x + (4z - p)x^2$

Del cual p, q y z pueden ser evaluados: $qb + a^2z = 1$

Donde;
$$q = \frac{(1 - a^2z)}{b}$$

Ya que $\qquad\qquad 4z - p = 0 \qquad\qquad o \qquad\qquad p = 4z$

Donde $\qquad\qquad\qquad pb - q - 4za = 0$

Sustituyendo los valores de p y q en la ecuación anterior se obtiene z en términos de a y b:

$$4zb - \frac{(1 - a^2z)}{b} - 4zab = 0$$

Resumiendo

$$p = \frac{4}{(2b - a)^2}$$

$$q = \frac{4(b - a)}{(2b - a)^2}$$

$$z = \frac{1}{(2b - a)^2}$$

Y la ecuación inicial en términos de las fracciones parciales es:

$$\int_0^x \frac{(px + q)dx}{(a - 2x)^2} + \int_0^x \frac{zdx}{(b - x)} = k \int_0^t dt$$

Sustituyendo los valores de p, q, y z en la ecuación anterior, se obtiene:

$$\int_0^x \frac{\{4x/(2b - a)^2\} + \{4(b - a)/(2b - a)^2\}}{(a - 2x)^2} dx + \int_0^x \frac{\{1/(2b - a)^2\}}{(b - x)} dx = k \int_0^t dt$$

$$\int_0^x \frac{4xdx}{(2b - a)^2(a - 2x)^2} + \int_0^x \frac{4(b - a)dx}{(2b - a)^2(a - 2x)^2} + \int_0^x \frac{dx}{(2b - a)^2(b - x)} = k \int_0^t dt$$

$$-\int_0^x \frac{2xd(a - 2x)}{(a - 2x)^2} - (b - a)\int_0^x \frac{2d(a - 2x)}{(a - 2x)^2} - \int_0^x \frac{d(b - x)}{(b - x)} = (2b - a)^2 k \int_0^t dt$$

Por conveniencia las tres integrales del lado izquierdo de la ecuación son resueltas separadamente y están referidos como g1, g2 y g3, contando del lado izquierdo al derecho.

La primera integral se resuelve, estableciendo que (a − 2x) = w, así que:

$$g1 = -\int \frac{2xd(a-2x)}{(a-2x)^2} = -\int \frac{(a-w)dw}{(w)^2} = -\left\{\int \frac{adw}{w^2} - \int \frac{dw}{w}\right\}$$

Para los límites de: w2 = (a – 2x) y w1 = a

$$g1 = \left.\frac{a}{w}\right|_{w1}^{w2} + \left.Ln(w)\right|_{w1}^{w2}$$

$$g1 = a\left[\frac{1}{(a-2x)} - \frac{1}{a}\right] + Ln(a-2x) - Ln(a)$$

$$g1 = Ln\left[\frac{(a-2x)}{a}\right] + \left[\frac{2ax}{a(a-2x)}\right]$$

Las soluciones de la segunda y tercera integrales son simples:

$$g2 = -2(b-a)\int_0^x \frac{d(a-2x)}{(a-2x)^2} = \left.\frac{2(b-a)}{(a-2x)}\right|_0^x$$

$$g2 = 2(b-a)\left[\frac{1}{(a-2x)} - \frac{1}{a}\right] = \frac{2(b-a)2x}{a(a-2x)}$$

$$g3 = \int_0^x \frac{d(b-x)}{(b-x)} = -Ln(b-x) + Ln(b) = Ln\left[\frac{b}{b-x}\right]$$

Sustituyendo las soluciones en la ecuación anterior, da como resultado:

$$Ln\left[\frac{a-2x}{a}\right] + \frac{2ax}{a(a-2x)} + \frac{2x(2b-a)}{a(a-2x)} + Ln\left[\frac{b}{(b-x)}\right] = (2b-a)^2kt$$

donde:

$$k = \frac{1}{t(2b-a)^2}\left[\frac{2x(2b-a)}{a(a-x)} + Ln\left[\frac{b(a-2x)}{a(b-x)}\right]\right]$$

PROBLEMA Nº 4

La reacción irreversible $A + B + C \rightarrow 3R$; es de tercer orden global y de primer orden con respecto a cada uno de los reactantes. El calor de reacción es despreciable y la constante de velocidad vale 0,001 L^2/mol^2.min ¿Cuál será la composición a la salida de un reactor discontinuo de 5000 litros al cabo de 3 horas si se parte de 15 kmol de A, 25 de B y 10 de C?

Solución:

$$A \quad + \quad B \quad + \quad C \quad \rightarrow \quad Productos$$

	A	B	C	Productos
Si t = 0	a	b	C	0
Si t = t	a-x	b-x	c-x	X

Donde la velocidad de reacción se expresa como:

$$\int_0^x \frac{dx}{(a-x)(b-x)(c-x)} = k \int_0^t dt$$

Para integrar la ecuación, debemos de resolver las ecuaciones del lado izquierdo por el método de las fracciones parciales:

$$\frac{1}{(a-x)(b-x)(c-x)} = \frac{p}{(a-x)} + \frac{q}{(b-x)} + \frac{z}{(c-x)}$$

Donde:

$$1 = p(b-x)(c-x) + q(a-x)(c-x) + z(a-x)(b-x)$$

$$1 = pbc + qac + zab - x(pb + pc + qa + qc + za + zb) + x^2(p + q + z)$$

Para expresar p, q y z en términos de a, b y c se muestran las operaciones matemáticas a seguirse:

$$pbc + qac + zab = 1$$

$$pb + pc + qa + qc + za + zb = 0$$

$$p + q + z = 0$$

De estas ecuaciones se obtiene:

$$p = \left[\frac{1 - qac - zab}{bc} \right]$$

$$p = \left[\frac{1 - a(qc - zb)}{bc} \right]$$

y

$$p = -(q + z)$$

$$p(b + c) + a(q + z) + qc + zb = 0$$

$$p(b + c) - pa + qc + zb = 0$$

$$p(b+c) - pa + \frac{(1-pb)}{a} = 0$$

$$p = -\frac{1}{(a-b)(c-a)}$$

Donde

$$p = -\frac{(b-c)}{(a-b)(b-c)(c-a)}$$

$$p = -\frac{(b-c)}{(a-b)(b-c)(c-a)}$$

Por sustituciones similares, se obtienen:

$$q = -\frac{1}{(a-b)(b-c)}$$

$$q = -\frac{(c-a)}{(a-b)(c-a)(b-c)}$$

y

$$z = -\frac{1}{(c-a)(b-c)}$$

$$z = -\frac{(a-b)}{(a-b)(b-c)(c-a)}$$

Sustituyendo los valores de p, q y z en la ecuación de fracciones parciales y realizando rearreglos a la ecuación diferencial el cual es equivalente a la primera ecuación:

$$-\frac{(b-c)}{(a-b)(b-c)(c-a)}\frac{dx}{(a-x)} - \frac{(c-a)}{(a-b)(b-c)(c-a)}\frac{dx}{(b-x)}$$

$$-\frac{(a-b)}{(a-b)(b-c)(c-a)}\frac{dx}{(c-x)} = kdt$$

$$\frac{(b-c)}{(a-b)(b-c)(c-a)}\int_0^x \frac{d(a-x)}{(a-x)} + \frac{(c-a)}{(a-b)(b-c)(c-a)}\int_0^x \frac{d(b-x)}{(b-x)}$$

$$+ \frac{(a-b)}{(a-b)(b-c)(c-a)}\int_0^x \frac{d(c-x)}{(c-x)} = k\int_0^t dt$$

Desarrollando la integral, se obtiene:

$$\frac{(b-c)}{(a-b)(b-c)(c-a)} Ln\left[\frac{a-x}{a}\right] + \frac{(c-a)}{(a-b)(b-c)(c-a)} Ln\left[\frac{b-x}{b}\right]$$

$$+ \frac{(a-b)}{(a-b)(b-c)(c-a)} Ln\left[\frac{c-x}{c}\right] = kt$$

Resolviendo:

$$K = 0{,}001 L^2 mol^{-2} min^{-1}$$

$$C_A^0 = \frac{15000}{5000} = 3\frac{mol}{L}$$

$$C_B^0 = \frac{25000}{5000} = 5\frac{mol}{L}$$

$$C_C^0 = \frac{10000}{5000} = 2\frac{mol}{L}$$

La ecuación de diseño para el reactor batch es:

$$t = -\int_{C_A^0}^{C_A} \frac{dC_A}{-r_A}$$

Si $\quad C_A = C_A^0(1 - X_A) \quad y \quad C_A^0 X_A = x$

Tenemos que: $\quad C_A = C_A^0 - x \quad y \quad dC_A = -dx$

Reemplazando en la ecuación de diseño, se obtiene:

$$t = \int_0^x \frac{dx}{-r_A}$$

Reemplazando la cinética de reacción, se tiene:

$$t = \int_0^x \frac{dx}{k(a-x)(b-x)(c-x)}$$

La ecuación de diseño es similar a la ecuación cinética elaborada en la parte superior del presente problema; entonces en la siguiente ecuación reemplazamos los datos del problema:

$$\frac{(b-c)}{(a-b)(b-c)(c-a)} Ln\left[\frac{a-x}{a}\right] + \frac{(c-a)}{(a-b)(b-c)(c-a)} Ln\left[\frac{b-x}{b}\right]$$

$$+ \frac{(a-b)}{(a-b)(b-c)(c-a)} Ln\left[\frac{c-x}{c}\right] = kt$$

$$\frac{3}{6} Ln\left[\frac{3-x}{3}\right] - \frac{1}{6} Ln\left[\frac{5-x}{5}\right] - \frac{1}{3} Ln\left[\frac{2-x}{2}\right] = 0.18$$

Podemos resolver la ecuación final por iteración:

X	Total
1.5	0.17497035
1.51	0.17883697
1.51296	0.18000382

Si $0,18 \approx 0,18002$; entonces $C_A^0 X_A = x = 1,513$ mol/L

Entonces:

$C_A = 3 - 1,513 = 1,487$ mol/L

$N_A = 1,487 \times 5000 = 7,435$ kmol de A

$C_B = 5 - 1,513 = 3,487$ mol/L

$N_B = 3,487 \times 5000 = 17,435$ kmol de B

$C_C = 2 - 1,513 = 0,487$ mol/L

$N_C = 0,487 \times 5000 = 2,435$ kmol de C

$C_{Productos} = 1,513$ mol/L

$N_{Productos} = 1,513 \times 5000 = 7,565$ kmol de productos.

PROBLEMA Nº 5

La descomposición térmica del ácido oxálico en una variedad de solventes procede de acuerdo a una reacción completa, como se muestra:

$$H_2C_2O_4 \rightarrow CO_2 + HCOOH$$

La descomposición de 0,1606 g de ácido oxálico en resorcinol (m-hidroxifenol) como solvente, ha sido estudiada por medición del volumen (V) del dióxido de carbono (CO_2), que fue recolectado a una temperatura de 300 K y una presión de 101,3 kPa, como una función del tiempo. Con la solución mantenida a la temperatura de 398 K, los siguientes valores mostrados fueron obtenidos:

V_t x10^2 (dm^3)	0,421	0,921	1,458	2,220	2,992	3,425
t (s)	300	700	1200	2100	3400	4500

Si la velocidad de descomposición es de primer orden en ácido oxálico, evaluar la constante de velocidad a 398 K. Asumir que el CO_2 es insoluble en resorcinol.

Solución:

Si observamos la reacción, se tiene una estequiometría unitaria, el número de moles de CO_2 (n_{CO2}) es igual al número de moles del ácido oxálico descompuesto.

Si V_α es el volumen de CO_2 que se puede producir cuando todo el ácido oxálico es descompuesto, entonces tendremos la siguiente relación:

$$\frac{V_\alpha}{V_\alpha - V_t} = \frac{C_A^0}{C_A}$$

Donde:

$\quad C_A{}^0$ es la concentración inicial del ácido oxálico.

$\quad C_A$ es la concentración del ácido oxálico en el tiempo t.

La integración de la ley de reacción de primer orden puede ser expresada de la siguiente forma:

$$k_1 t = Ln\left(\frac{C_A^0}{C_A}\right) = Ln\left(\frac{V_\alpha}{V_\alpha - V_t}\right)$$

Donde k_1 es la constante de velocidad de primer orden.

Si graficamos el Ln ($V_\alpha - V_t$) versus t, obtendremos una gráfica lineal si es de primer orden, con una pendiente de $- k_1$.

Inicialmente debemos calcular el valor de V_α de la masa inicial del ácido oxálico añadido.

$M_{ac.ox.}$ = 0,1606 g

$PM_{ac.ox.}$ = 90 g/mol

$N_{ac.ox.}$ = 0,1606/90 = 1,784 x 10^{-3} moles.

Si consideramos como gas ideal, a una presión de 101,3 kPa y T = 300 K, se tiene:

$$V_\alpha = \frac{nRT}{P} = \frac{\frac{0.1606}{90} \times 8.3144 \times 300 \times 1000}{101300}$$

$$V_\alpha = 0.04392 \; dm^3$$

$$V_\alpha = 4.392 \times 10^{-2} \; dm^3$$

Por consiguiente, los datos para el gráfico son:

Tiempo (s)	Vt	$(V_\alpha - V_t)$	$Ln((V_\alpha - V_t))$
300	0.00421	0.03971	-3.226152234
700	0.00921	0.03471	-3.360727449
1200	0.01458	0.02934	-3.528803506
2100	0.0222	0.02172	-3.829521784
3400	0.02992	0.014	-4.268697949
4500	0.03425	0.00967	-4.63872697

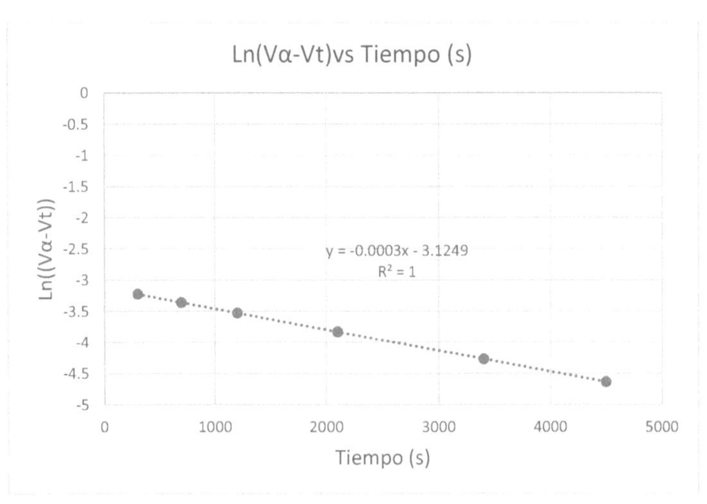

Entonces con los datos seria

La ecuación de la recta es: $Y = -0.0003 \times -3.1249$

PROBLEMA Nº 6

Cuando el amoníaco se descompone sobre un alambre de tungsteno, se ha comprobado que el tiempo de vida media ($t_{1/2}$) de la reacción varía con la presión inicial del amoníaco, de la manera siguiente:

P_A^0	mmHg	265	130	58	16
$T_{1/2}$	min	7,6	3,7	1,7	1,0

A) ¿Cuál es el orden de reacción?

B) ¿Es el orden de reacción independiente de la presión inicial del amoníaco?

Solución

$$NH_{3(g)} \to \frac{1}{2}N_{2(g)} + \frac{3}{2}H_{2(g)}$$

Si se tuviese el caso de una reacción de primer orden, se cumpliría con la siguiente ecuación:

$$t_{1/2} = \frac{Ln(2)}{K} = \frac{0.6932}{K}$$

La reacción de descomposición no cumple con la cinética de primer orden, por tanto, trabajaremos como una reacción de orden n.

Para ello $NH_3 = $ A ; entonces la ecuación es:

$$-\frac{dC_A}{dt} = KC_A^n$$

Pero;

$$C_A = \frac{P_A}{RT}$$

entonces

$$dC_A = \frac{dP_A}{RT}$$

Reemplazando las ecuaciones se obtiene:

$$\frac{1}{RT}\frac{dP_A}{dt} = \frac{KP_A^n}{(RT)^n}$$

Reordenando se obtiene:

$$-\frac{dP_A}{P_A^n} = K'dt$$

donde:

$$K' = \frac{K}{(RT)^{n-1}}$$

Integrando de $P_A{}^0$ a P_A y de $t = 0$ hasta $t = t$, se tiene:

$$-\frac{1}{1-n}(P_A)^{1-n}\Big|_{P_A^0}^{P_A} = K't$$

Llevando a los límites de integración, se determina:

$$\frac{1}{(n-1)}\left[\frac{1}{(P_A)^{n-1}} - \frac{1}{(P_A^0)^{n-1}}\right] = K't$$

Cuando se llega al tiempo de vida media, $t_{1/2}$, se tiene que la presión es:

$$P_A = \frac{P_A^0}{2}$$

Reemplazando la ecuación y llevando a los límites de integración, se obtiene:

$$\frac{1}{(P_A^0)^{n-1}} = \left[\left(\frac{2^{1-n}(n-1)}{1-2^{1-n}}\right)\right]K't_{1/2}$$

Llevando a la presión del amoníaco, se tiene:

$$\frac{1}{\left(P_{NH_3}^0\right)^{n-1}} = \left[\left(\frac{2^{1-n}(n-1)}{1-2^{1-n}}\right)\right]K't_{1/2}$$

Haciendo uso de las propiedades logarítmicas, se obtiene la ecuación de una línea recta, como se muestra a continuación:

$$Ln\left(t_{1/2}\right) = (1-n)Ln\left(P_{NH_3}^0\right) - Ln\left[K'\left(\frac{2^{1-n}(n-1)}{1-2^{1-n}}\right)\right]$$

Con los datos iniciales proporcionados por el problema, se tiene el siguiente cuadro y los gráficos:

$Ln(t_{1/2})$	$Ln(P^0_{NH_3})$
2,03	5,58
1,31	4,87
0,53	4,06
0,00	2,77

De la gráfica siguiente se obtiene:

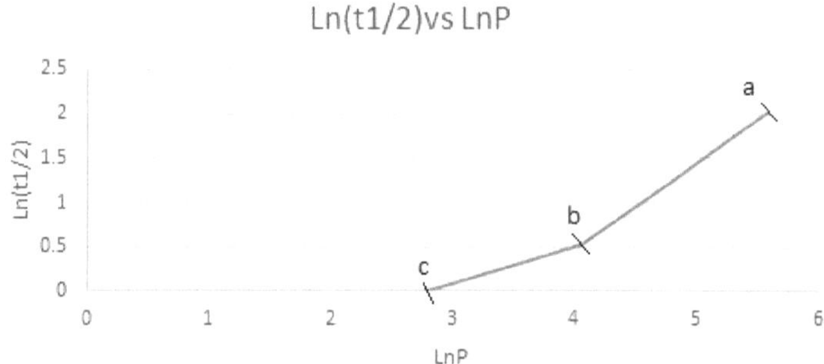

En el gráfico se observa que hay quiebre, esto hace suponer que se trate de dos órdenes de reacción, ahora graficaremos de la siguiente forma:

Segmento a-b:

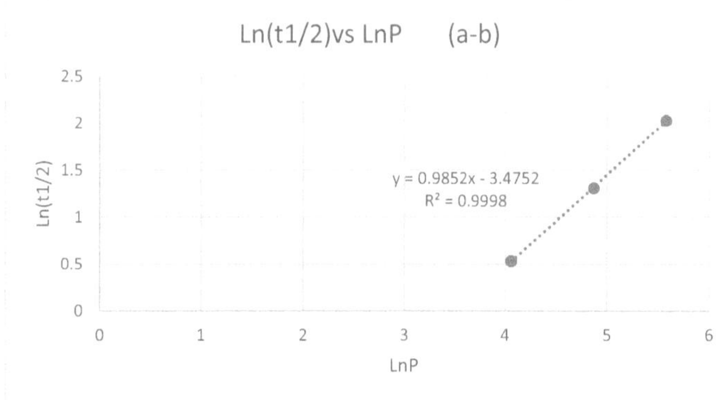

El segmento a-b es de un orden y calculamos los órdenes de reacción, para cada segmento, y que es determinado a través de la pendiente: m(a-b)

$$1 - n = \frac{\left[Ln(t_{1/2})\right]_2 - \left[Ln(t_{1/2})\right]_1}{\left[Ln(P^0_{NH_3})\right]_2 - \left[Ln(P^0_{NH_3})\right]_1}$$

$$1 - n = \frac{2{,}03 - 0{,}53}{5{,}58 - 4{,}06} = 0{,}9868 \cong 1$$

Entonces: $1 - n = 1$ y $n = 0$; el orden de reacción es cero.

Segmento b-c:

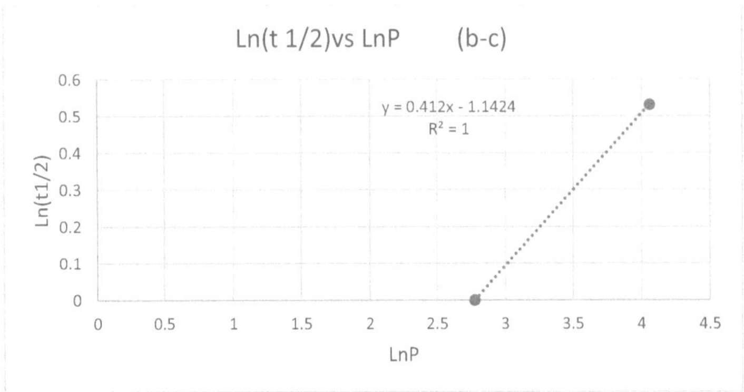

El segmento b-c es de otro orden,

Para la pendiente m(b-c)

$$1 - n = 0.412$$

$$n = 0.588 \cong 1$$

Entonces $n \cong 1$

Porque $P^0_{NH_3} = 0$

Respuestas:

A) El orden de reacción a partir de 58 mmHg como presión inicial del NH_3, es de cero; pero a presiones menores de 58 mmHg el orden de la reacción tiende a uno.

B) No, el orden de reacción depende de la presión inicial del amoníaco.

PROBLEMA Nº 7

La descomposición del acetaldehído se estudió en fase gaseosa a 791 K. Los resultados de dos mediciones son:

C_A^0	(M)	$9{,}72 \times 10^{-3}$	$4{,}56 \times 10^{-3}$
$t_{1/2}$	(s)	328	572

A)   ¿Cuál es el orden de reacción?

B)   Calcúlese el valor de la constante específica de velocidad.

Solución:

Como en el caso del problema Nº 6. debemos trabajar como una reacción de orden n, para ello tenemos la ecuación:

$$(C_A^o) = \left| \frac{(2)^{1-n}(n-1)}{1-(2)^{1-n}} \right| K' t_{1/2}$$

$$\ln(t_{1/2}) = (1-n)\ln(C_A^0) - \ln\left[(K') \left(\frac{(2)^{1-n}(n-1)}{1-(2)^{1-n}} \right) \right]$$

$\ln(t_{1/2})$	$\ln(C_A^0)$
5,793	- 4,6335
6,349	- 5,3900

$$1 - n = \frac{\left[\ln(t_{1/2})\right]_2 - \left[\ln(t_{1/2})\right]_1}{[\ln C_A^0]_2 - [\ln C_A^0]_1}$$

$$1 - n = \frac{6{,}349 - 5{,}793}{-5{,}93 + 4{,}6335}$$

$$n = 1{,}735$$

Entonces n = 1,735 que es el orden de la reacción

Tomando en cuenta la siguiente reacción, obtendremos el valor de K':

$$\ln(t_{1/2}) = (1-n)\ln(C_A^0) - \ln\left[(K')\left(\frac{(2)^{1-n}(n-1)}{1-(2)^{1-n}}\right)\right]$$

$$5{,}793 = (1-1{,}753)(-4{,}6335) - \ln\left[(K')\left(\frac{(2)^{-0{,}735}(0{,}735)}{1-(2)^{-0{,}735}}\right)\right]$$

$$5{,}793 = (-0{,}735)(-4{,}6335) - \ln\big((K')(1{,}10623)\big)$$

$$5{,}793 - 3{,}4056 = -\ln\big((K')(1{,}10623)\big)$$

$$2{,}3874 = -\ln\big((K')(1{,}10623)\big)$$

$$0{,}09187 = K'x\,1{,}10623$$

Por tanto:

$$K' = 0.083\ L^{0.75}mol^{-0{,}75}min^{-1}$$

PROBLEMA Nº 8

La descomposición de un compuesto en disolución se ha estudiado midiendo los periodos de semi reacción de concentraciones iniciales distintas, a una misma temperatura. Los resultados obtenidos se detallan en la tabla siguiente:

A (mol/L)	0,8	1,2	1,5	2,0	2,5
$t_{1/2}$ (s)	166	74,2	47,5	26,7	17,0

Obtener el orden de la reacción.

Solución:

Tomando en consideración las siguientes ecuaciones:

$$(C_A^o) = \left|\frac{(2)^{1-n}(n-1)}{1-(2)^{1-n}}\right|K't_{1/2}$$

$$\ln(t_{1/2}) = (1-n)\ln(C_A^0) - \ln\left[(K')\left(\frac{(2)^{1-n}(n-1)}{1-(2)^{1-n}}\right)\right]$$

Obtenemos los siguientes datos, y con ellos obtendremos los resultados:

Ln($t_{1/2}$)	Ln(C_A^0)
5,11198	- 0,2231
4,30676	0,18232
3,86073	0,40547
3,28466	0,69315
2,83321	0,91629

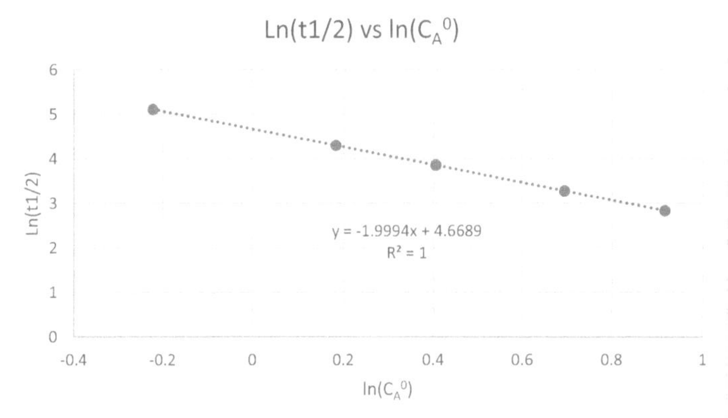

$$1 - n = \frac{\left[\ln\left(t_{1/2}\right)\right]_2 - \left[\ln\left(t_{1/2}\right)\right]_1}{[\ln C_A^0]_2 - [\ln C_A^0]_1}$$

$$1 - n = \frac{2{,}83321 - 5{,}111988}{0{,}91629 + 0{,}22341} = -1{,}999 \cong -2$$

$$1 - n = \frac{3{,}28466 - 4{,}30676}{0{,}69315 - 0{,}18323} = -2{,}004 \cong -2$$

$$1 - n = -2$$

$$n = 3$$

A partir de la siguiente ecuación determinaremos el valor de K' ya que sabemos que el orden de la reacción es 3:

$$\ln\left(t_{1/2}\right) = (1 - n)\ln(C_A^0) - \ln\left[(K')\left(\frac{(2)^{1-n}(n-1)}{1 - (2)^{1-n}}\right)\right]$$

$$4,30676 = (1 - 3)(0,18232) - \ln\left[(K')\left(\frac{(2)^{1-3}(3-1)}{1 - (2)^{1-3}}\right)\right]$$

$$4,30676 = -0,36464 - \ln[0,66667(K')]$$

$$4,6714 = -\ln[0,66667(K')]$$

$$K' = 0,01404\,L^2 mol^{-2} min^{-1}$$

PROBLEMA Nº 9

La constante cinética de la reacción en fase gaseosa es de 38dm³/mol. s a 27°C. La reacción es de primer orden en NO_2 y F_2.

$$F_2 + 2NO_2 \rightarrow 2NO_2F$$

A) Calcule el número de moles de NO_2, F_2 y NO_2F presentes después de 10 segundos, si se mezclan 2 moles de NO_2 con 3 moles de F_2 en un recipiente de 400 dm³ a 27 °C.

B) Para el sistema en A) calcule la velocidad de reacción inicial y la velocidad después de 10 segundos.

Solución:

La reacción se puede representar como:

$$A + 2B \rightarrow Productos$$

Por dato de problema la reacción es de primer orden tanto en A como en B, la cinética global de reacción es de segundo orden y se puede representar como:

$$-\frac{dC_A}{dt} = KC_A C_B$$

Como las concentraciones iniciales son diferentes, tenemos la siguiente ecuación integrada para una reacción de segundo orden:

$$K.t = \left[\frac{1}{C_B^0 - 2C_A^0}\right]\ln\left[\frac{C_A^0 C_B}{C_B^0 C_A}\right]$$

o

$$K.t = \left[\frac{1}{C_B^0 - 2C_A^0}\right]\ln\left[\frac{C_A^0(C_B^0 - 2X)}{C_B^0(C_A^0 - X)}\right]$$

Si K = 38 dm³/mol.s y V = 400 dm³, podemos determinar las concentraciones iniciales de los reactantes:

$$C_B^0 = \frac{2}{400} = 5x10^{-3}M$$

$$C_A^0 = \frac{3}{400} = 7,5x10^{-3}M$$

Como se conocen los valores de las concentraciones y las unidades son consistentes, reemplazamos estos valores en la ecuación anterior:

$$38\,x\,10 = \left[\frac{1}{5x10^{-3} - 2x7,5x10^{-3}}\right]\ln\left[\frac{7,5x10^{-3}(5x10^{-3} - 2X)}{5x10^{-3}(7,5x10^{-3} - X)}\right]$$

$$380(-0,01) = \ln\left[\frac{7,5x10^{-3}(5x10^{-3} - 2X)}{5x10^{-3}(7,5x10^{-3} - X)}\right]$$

$$-3,8 = \ln\left[\frac{7,5x10^{-3}(5x10^{-3} - 2X)}{5x10^{-3}(7,5x10^{-3} - X)}\right]$$

Entonces, empleando el antilogaritmo en ambos miembros se obtiene:

$$e^{-3,8} = \frac{7,5x10^{-3}(5x10^{-3} - 2X)}{5x10^{-3}(7,5x10^{-3} - X)} = 0,02237$$

Operando y desarrollando el aspecto matemático, se tiene:

$$X = 2,462x10^{-3}\ mol/dm^3$$

Entonces el número de moles que ha reaccionado es:

$$n_{Rx} = X.V = 2,462x10^{-3}x400 = 0,9848\ moles$$

$$n_A = 3 - 0,9848 = 2,0152\ moles\ F_2\ ;\ \ C_A = 5,038x10^{-3}\ M$$

$$n_B = 2 - 2x0,9848 = 0,0304\ moles\ NO_2\ ;\ \ C_B = 7,6x10^{-5}\ M$$

$$n_P = 2x0,9848 = 1,9696\ moles\ de\ NO_2F$$

Entonces, la velocidad inicial es:

$$-\frac{dC_A}{dt} = 38x5x10^{-3}x7,5x10^{-3} = 1,425x10^{-3}\ M/s$$

La velocidad a los 10 segundos es:

$$-\frac{dC_A}{dt} = 38x5,038x10^{-3}x7,6x10^{-5} = 1,455x10^{-5}\ M/s$$

PROBLEMA Nº 10

En la descomposición del $(CH_3)_2O$ (especie A) a 777 K, el tiempo necesario para que la concentración inicial de A (C^0_A) se reduzca a $0,69(C^0_A)$ es función de A, es:

$10^3(C^0_A)$ (M)	8,13	6,44	3,10	1,88
$t_{0,69}$ (s)	590	665	900	1140

Determine la cinética química de la reacción.

Solución:

Consideremos una reacción de orden n, entonces:

$$\frac{dC_A}{dt} = -KC_A^n$$

Reordenando e integrando entre los límites, se tiene:

$$\int_{C_A^0}^{C_A} C_A^{-n}dC_A = -K\int_0^t dt$$

$$\frac{(C_A)^{-n+1} - (C_A^0)^{-n+1}}{-n+1} = -Kt$$

Si multiplicamos a ambos miembros por:

$$(-n+1)(C_A^0)^{n-1}$$

Realizando los artificios matemáticos, se tiene que:

$$(C_A^0)^{n-1}[(C_A)^{-n+1} - (C_A^0)^{-n+1}] = (n-1)(C_A^0)^{n-1}Kt$$

Ordenando se obtiene:

$$(C_A)^{-n+1}(C_A^0)^{n-1} - 1 = (n-1)(C_A^0)^{n-1}Kt$$

De donde, obtenemos la ecuación final para el problema:

$$\left[\frac{C_A^0}{C_A}\right]^{n-1} = 1 + (n-1)(C_A^0)^{n-1}Kt$$

Con la ecuación, se determina el valor de K:

Asumiendo que sea una reacción de orden 1,5; determinamos los valores de K, si estas son constantes, entonces la reacción es del orden supuesto.

$(C^0_A)\times 10^3$	8,13	6,44	3,10	1,88
$(C_A)\times 10^3$	5,6097	4,4436	2,139	1,2972
$t_{0,69}$	590	665	900	1140
K	0,0436	0,0435	0,0462	0,0468

Como se puede observar, las K son constantes, por tanto, la ecuación cinética de la reacción es:

$$-\left(\frac{dC_A}{dt}\right) = 0{,}045\, C_A^{1,5}$$

CAPITULO III

REACTORES IDEALES ISOTÉRMICOS

BATCH, TUBULAR Y TANQUE DE AGITACIÓN CONTINUA

PROBLEMA N° 11

Se desea llevar a cabo la reacción: $A + B \rightarrow C$

$$r = kC_A C_B$$

siendo k = 0,125 m^3/(kmol/h) en un reactor tubular de 0,28 m^3 de volumen a presión constante y 25 °C de temperatura.

La alimentación está compuesta por dos corrientes que se mezclan antes de ingresar al reactor:

Corriente 1: sólo contiene A, C_{AO} = 24 kmol/m^3, F_{AO} = 23 kmol/h;

Corriente 2: sólo contiene B, C_{BO} = 24 kmol/m^3, F_{BO} = 23 kmol/h.

Para incrementar la producción se ha decidido instalar otro reactor de igual volumen que el anterior. Calcular de qué forma se obtiene la mayor producción de C:

   A. Colocando el nuevo reactor a continuación del anterior.

   B. Colocando el nuevo reactor en paralelo y alimentando un 50% de la mezcla de A + B a cada reactor.

Compare los valores de producción obtenidos y justifique los resultados.

Solución:

Por dato $C_{A0} = C_{B0}$

Entonces $-r_A = kC_A^2$

V = 0,28 m^3

$$v_{0A} = \frac{F_{A0}}{C_{0A}} = 0{,}958333 \, \frac{m^3}{h}$$

$$v_{0B} = \frac{F_{B0}}{C_{0B}} = 0{,}958333 \, \frac{m^3}{h}$$

$$v_{Total} = v_0 = 1{,}916666 \ m^3/h.$$

Para el reactor de flujo pistón inicial:

Ecuación de diseño:

$$\tau = C_A^0 \int_0^{X_A} \frac{dX_A}{-r_A}$$

Reemplazando, se obtiene:

$$\tau = C_A^0 \int_0^{X_A} \frac{dX_A}{0{,}125.(C_A^0)^2.(1 - X_A)^2}$$

$$\tau = \frac{C_A^0}{0{,}125.(C_A^0)^2} \int_0^{X_A} \frac{dX_A}{(1 - X_A)^2}$$

Resolviendo la integral, obtenemos lo siguiente:

$$\tau = \frac{C_A^0}{0{,}125(C_A^0)^2} \left[\frac{X_A}{1 - X_A} \right]$$

Para el proceso, se obtiene una nueva concentración de alimentación:

$$C_A^{0'} = \frac{C_A^0}{2} = 12 \, \frac{kmol}{m^3}$$

$$\tau = \frac{V}{v_0} = \frac{0{,}28 \ m^3}{1{,}916666 \ m^3/h} = 0{,}146087 \ h$$

Reemplazando en el valor de la integral final, se tiene:

$$0{,}146087 = \frac{1}{0{,}125 * 12} \left[\frac{X_A}{1 - X_A} \right]$$

Operando y realizando las operaciones matemáticas adecuadas, se obtiene:

$$X_A = 0{,}179743$$

Para a) cuando se adiciona en serie otro reactor del mismo volumen; en este caso, el volumen se duplica y solo se trabaja, como un solo reactor ideal.

Tomando la siguiente ecuación, anteriormente deducida:

$$\tau = \frac{V}{v_0} = \frac{0{,}28 \ m^3.2}{1{,}916666 \ m^3/h} = 0{,}292174 \ h$$

Reemplazando en el valor de la integral final, se tiene:

$$0{,}292174 = \frac{1}{0{,}125 * 12}\left[\frac{X_A}{1 - X_A}\right]$$

Operando y realizando las operaciones matemáticas adecuadas, se obtiene:

$$X_A = 0{,}304715$$

Para el caso b) cuando se coloca en paralelo y el flujo másico es 50%, se tiene:

$$\tau = \frac{V}{v_0} = \frac{0{,}28 \; m^3}{0{,}958333 \; m^3/h} = 0{,}292174 \; h$$

$$\tau = 0{,}292174 \; h$$

Reemplazando en el valor de la integral final, se tiene:

$$0{,}292174 = \frac{1}{0{,}125 * 12}\left[\frac{X_A}{1 - X_A}\right]$$

Operando y realizando las operaciones matemáticas adecuadas, se obtiene:

$$X_A = 0{,}304715$$

Al comparar los valores de producción obtenidos y podemos decir que al colocar en serie el reactor tubular del mismo tamaño, o al colocar en paralelo el reactor adicional del mismo volumen y dividir el flujo volumétrico al 50 % para cada ramal, se concluye que en ambos casos se va a incrementar la conversión en el mismo porcentaje, como los muestra los resultados numéricos anteriormente evaluados en a) y b).

PROBLEMA N° 12

Se utiliza un reactor de flujo con mezclado perfecto para determinar la cinética de la reacción cuya estequiometría es A → R. Con este propósito se ha medido la concentración de A en la salida de un reactor de 1 litro alimentado por diversos caudales de una solución acuosa de 0,100 mol A/L.

Hallar la velocidad de reacción que se ajuste a los datos obtenidos suponiendo que dicha velocidad depende únicamente de C_A.

Determine el valor de la constante específica de reacción (Probar distintos órdenes de reacción).

V_0, [l/min]	1	6	24
C_A, [mol/l]*10^{-3}	4	20	50

Solución:

Asumimos una reacción de orden n.

$$-r_A = k.\, C_A^n$$

La ecuación de diseño para un reactor de flujo mezclado es:

$$\tau = \frac{V}{v_0} = \frac{C_A^0 - C_A}{-r_A}$$

Reemplazando la cinética de la reacción, obtenemos lo siguiente:

$$\tau = \frac{V}{v_0} = \frac{C_A^0 - C_A}{k.\, C_A^n}$$

Reordenando, en función a la cinética se obtiene:

$$k.\, C_A^n = \frac{C_A^0 - C_A}{\tau}$$

Obteniendo el logaritmo neperiano a cada miembro, se obtiene la ecuación de una línea recta:

$$Ln\, k + n\, Ln\, C_A = Ln\left[\frac{C_A^0 - C_A}{\tau}\right]$$

V_0, [l/min]	C_A [mol/l]	t ; min	$Ln\left[\dfrac{C_A^0 - C_A}{\tau}\right]$	$Ln\, C_A$
1	0.004	1	-2,3434	-5,52146
6	0.020	0,16667	-0,7339	-3,91202
24	0.050	0,04167	0,1823	-2,99573

Graficamos $Ln\left[\frac{C_A^0 - C_A}{\tau}\right]$ Vs $Ln C_A$

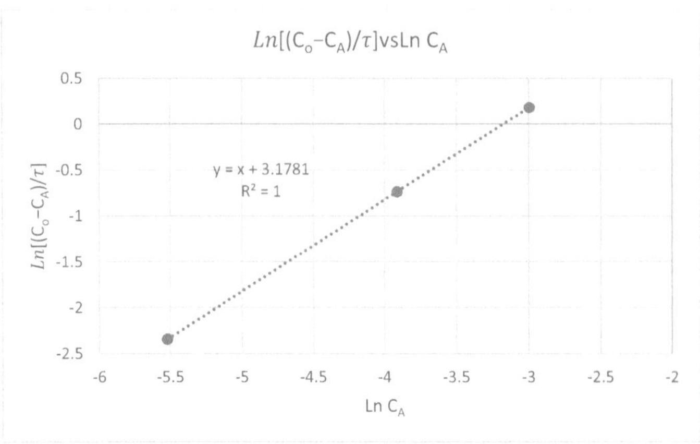

Del gráfico se obtiene que la pendiente es igual a 1 por tanto el orden de reacción n = 1.

El valor de la constante Ln k = 3,1781, por tanto, el valor de k = 24,00110

Por tanto, la cinética de la reacción es: $-r_A$ = 24,00110C_A.

PROBLEMA N° 13

Una reacción A → R, de ecuación cinética igual a $-r_A = -1,5C_A$, a 150 °C, se lleva a cabo en un reactor discontinuo, siendo la temperatura de trabajo a 150 °C. La mezcla reaccionante tiene una concentración inicial de 10 mol A/L. Determinar:

a) El tiempo de reacción necesario para alcanzar una conversión de 90 %

b) El volumen del reactor intermitente para producir 100 ton/año del producto R, en las condiciones anteriormente señaladas.

   Datos: Peso molecular A = Peso molecular B = 100 g/mol

   Jornada laboral: 8000 h/año

$$t_{Muerto} = t_{Descarga} + t_{Limpieza} + t_{Carga} + t_{Acondicionamiento} = \frac{1h}{carga}$$

La densidad de la mezcla reaccionante es constante = 1000 kg/m³.

Solución:

Para el caso a:

La ecuación de diseño para un reactor batch es:

$$t = C_A^0 \int_0^{X_A} \frac{dX_A}{-r_A}$$

La cinética de reacción es:

$$-r_A = 1{,}5 . C_A = 1{,}5 . C_A^0 (1 - X_A)$$

Reemplazando en la ecuación de diseño del reactor batch, obtenemos:

$$t = C_A^0 . \int_0^{X_A} \frac{dX_A}{1{,}5 . C_A^0 (1 - X_A)}$$

Reordenando

$$t = \frac{C_A^0}{1{,}5 . C_A^0} \int_0^{X_A} \frac{dX_A}{(1 - X_A)}$$

Integrando entre los límites de $X_A = 0$, hasta $X_A = 0{,}90$, obtenemos

$$t = \frac{1}{1{,}5} [-Ln(1 - X_A)]$$

Reemplazando valores de los límites, se obtiene:

$$t = \frac{1}{1{,}5} [-Ln(1 - 0{,}9)]$$

$$t = 1{,}535 \ horas$$

Es el tiempo de reacción para convertir A en R

El volumen del reactor, lo determinaremos de la siguiente manera:

$$t_{Operación} = t_{Muerto} + t_{Reacción}$$

$$t_{Operación} = 1{,}535 \ horas + 1 \ horas = 2{,}535 \ horas$$

Determinamos el número de moles de R a obtenerse:

$$n_R = \frac{m_R}{M_R}$$

$$m_R = 100 \frac{ton}{año} \left(\frac{1000 \ kg}{1 \ ton}\right) \left(\frac{1 \ año}{8000 \ h}\right) = 12{,}5 \frac{kg}{h}$$

$$n_R = \frac{m_R}{M_R} = \frac{12500 \ g/h}{100 \ g/mol} = 125 \ mol/h$$

Calculamos el número de moles de A que debe emplearse para obtener el producto R.

Por estequiometría, tenemos que una mol de A produce una mol de R, por tanto:

$$n_A = \frac{n_R}{X_A} = \frac{125\ mol/h}{0,9} = 138,889\ mol/h$$

Ahora determinaremos el volumen, de la manera siguiente:

$$V = \frac{n_A}{C_A} = \frac{138,889\ mol/h}{10\ mol/L}\left(\frac{2,535\ h}{batch}\right) = 35,21\ L/batch$$

PROBLEMA N° 14

Un compuesto A se descompone en dos productos según el siguiente esquema de reacción:

$$A \rightarrow R + S$$

La velocidad de la reacción se puede describir mediante una ecuación cinética de segundo orden: $-r_A = 0,003.\,C_A^2$, donde $-r_A$ viene expresada en mol/L. s.

Se desean producir 50 ton/año del compuesto R, partiendo de una disolución inicial de A de 0,1 mol/L. Calcúlese el volumen de reactor necesario en los siguientes supuestos:

a) Reactor discontinuo

b) Reactor continuo tipo tanque

c) Reactor tubular

Se desea conseguir una conversión del 90 % y operar en todos los supuestos en condiciones isotérmicas.

Datos:

t $_{Operación}$ = 8000 h/año

M_A = 226

M_R = 112

M_S = 114 kg/kmol

t $_{Muerto}$ = 8 h/carga

Solución:

Caso a) reactor discontinuo

La ecuación de diseño, para el reactor batch es:

$$t = C_A^0 \int_0^{X_A} \frac{dX_A}{-r_A}$$

La cinética de reacción es:

$$-r_A = 0{,}003.\,C_A^2 = 0{,}003.\,C_A^{0^2}(1 - X_A)^2$$

Reemplazando la ecuación cinética en la ecuación de diseño, se tiene:

$$t = C_A^0 \int_0^{X_A} \frac{dX_A}{0{,}003.\,C_A^{0^2}(1 - X_A)^2}$$

Reordenando la ecuación se obtiene lo siguiente:

$$t = \frac{C_A^0}{0{,}003.\,C_A^{0^2}} \int_0^{X_A} \frac{dX_A}{(1 - X_A)^2}$$

Integrando la ecuación final, se obtiene:

$$t = \frac{1}{0{,}003.\,C_A^0} \left[\frac{X_A}{1 - X_A} \right]$$

Reemplazando los datos del problema en la ecuación integrada, tenemos:

$$t = \frac{1}{0{,}003 * 0{,}1} \left[\frac{0{,}9}{1 - 0{,}9} \right] = 30000 \; s \left(\frac{1\,h}{3600\,s} \right) = 8{,}333 \; h$$

Para determinar el volumen del reactor batch, vamos a proceder de la siguiente manera:

$$t_{Operación} = t_{Reacción} + t_{Muerto}$$

$$t_{Operación} = 8{,}333 \; horas + 8 \; horas = 16{,}333 \; horas$$

Ahora determinamos el número de moles de R que se va a producir anualmente:

Primero determinamos la masa horaria:

$$m_R = 50 \frac{ton}{año} \left(\frac{1000\,kg}{1\,ton} \right) \left(\frac{año}{8000\,h} \right) = 6{,}25 \; kg/h$$

Determinamos el número de moles de producto a obtenerse:

$$n_R = \frac{m_R}{M_R} = \frac{6250\ g/h}{112\ g/mol} = 55{,}8\ mol/h$$

Calculamos el número de moles de A que debe emplearse para obtener el producto R

Por estequiometría, tenemos que una mol de A produce una mol de R, por tanto:

$$n_A = \frac{n_R}{X_A} = \frac{55{,}8\ mol/h}{0{,}9} = 62\ mol/h$$

Ahora determinaremos el volumen, de la manera siguiente:

$$V = \frac{n_A}{C_A} = \frac{62\ mol/h}{0{,}10\ mol/L}\left(\frac{16{,}333\ h}{batch}\right) = 10126{,}46\ \frac{L}{batch} = 10{,}13\ m^3/batch$$

PROBLEMA N° 15

La reacción entre el p-bromo fenil cloroformamida, ArOCOCl y el nitrato para producir el 2-nitro-4-bromofenol con estequiometria unitaria ha sido estudiado en solución de acetonitrilo a 294 K. La velocidad de consumo del ArOCOCl ha sido determinada por la velocidad de descomposición del carbonil cloroformiato en el infrarrojo como un perfil de las concentraciones versus el tiempo y se obtuvieron los datos siguientes:

Con concentraciones iniciales iguales de 0,115 mol/dm³ de ambos reactantes, los resultados son mostrados:

$10^{-2}C_A$ (mol/dm³)	8,210	6,380	4,790	3,660
Tiempo (s)	600	1200	2100	3200

En otro experimento con el mismo valor inicial de C_A pero con una concentración inicial de nitrato de 0,585 mol/dm³, los resultados mostrados son:

$10^{-2}C_A$ (mol/dm³)	8,210	6,380	4,790	3,660
Tiempo (s)	100	200	400	1000

Estos datos mostrados son consistentes con una etapa bimolecular:

$$ArOCOCl + NO_3^- \rightarrow Productos$$

Bajo esta condición determinar en ambos experimentos, usando una ecuación exacta de la ley de velocidad de segundo orden y evaluar la constante de velocidad de segundo orden. Aplicando una reacción de pseudo primer orden analizar el segundo set de los resultados y compare con los valores de la constante de velocidad en los dos análisis anteriores.

Solución:

La etapa inicial de la reacción puede ser representada como:

$$ArOCOCl + NO_3^- \rightarrow Productos$$

Para el primer set de resultados donde las concentraciones iniciales son iguales, la integral de la ley de velocidad de segundo orden, es de la forma:

$$\frac{1}{C_A} - \frac{1}{C_A^0} = K_2 t$$

Donde:

C_A^0 Es la concentración inicial de ArOCOCl.

C_A Es la concentración en el tiempo t.

K_2 Es la constante de velocidad de segundo orden.

Podemos graficar $1/C_A$ versus tiempo

Los datos a graficarse son:

$1/C_A$ (dm^3/mol)	8,70	12,2	15,7	20,9	27,3
t (segundos)	0	600	1200	2100	3200

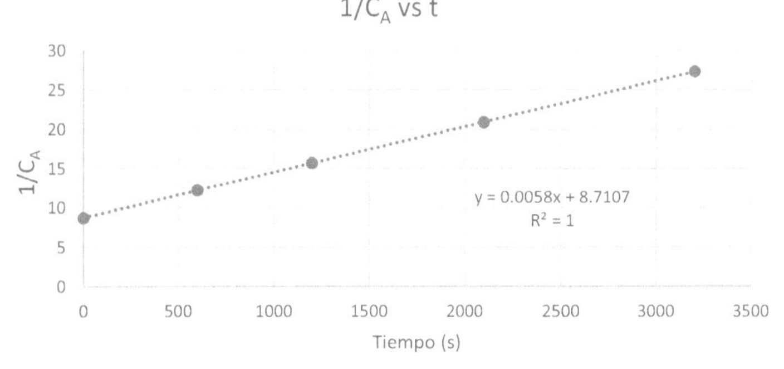

La gráfica resulta una línea recta y la pendiente es K_2

La ecuación de la recta es: y = 0,0058x + 8,7107

En el segundo set de datos las concentraciones iniciales no son iguales y la integral exacta de la ley de velocidad de segundo orden tiene la forma siguiente:

$$(b - a)^{-1} \ln \left[\frac{a(b - x)}{b(a - x)} \right] = K_2 t \quad si\ b > a$$

O puede ser también de la forma:

$$\frac{1}{C_B^0 - C_A^0} \ln \left[\frac{C_A^0 C_B}{C_B^0 C_A} \right] = K_2 t$$

Donde:

$b = C^0_B = C^0_{NO3} = 0,585$ mol/dm^3

$a = C^0_A = C^0_{ArOCOCl} = 0,115$ mol/dm^3

x = la concentración de cada reactivo removido en el tiempo t.

Realizando los cálculos numéricos necesarios, se tiene:

$10^{-2}C_A$	(mol/dm^3)	8,230	5,980	3,260	0,584
$10^{-2}C_B$	(mol/dm^3)	55,20	53,00	50,30	47,50
$\ln \left[\dfrac{C_A^0 C_B}{C_B^0 C_A} \right]$		0,277	0,555	1,109	2,774
$10^{-3}K_2$	(dm^3/mol.s)	5,890	5,900	5,900	5,900

Si observamos los valores de $K_2 = 5,9 \times 10^{-3}$ dm^3/mol. s son constantes e idénticos con los valores derivados del primer set, indicando la misma velocidad determinada en ambas etapas.

La ley de velocidad de segundo orden se puede representar de forma diferente para el segundo experimento, porque sabemos que $C_B \gg C_A$ y podemos considerar a C_B como invariable o constante, y obtenemos una ley de velocidad de reacción de pseudo primer orden de la forma:

$$-\frac{dC_A}{dt} = K'C_A \quad Donde \ K' = KC_B^0$$

Integrando se obtiene:

$$\ln\left[\frac{C_A^0}{C_A}\right] = K't \quad o \ \ln(C_A) = \ln(C_A^0) - K't$$

Y ploteando los valores de C_A del segundo set, se tiene el siguiente resultado:

Ln(C_A)		-2,163	-2,497	-2,817	-3,423	-5,143
Tiempo	(s)	0	100	200	400	1000

Si graficamos se tiene una curva y al hacer el ajuste de recta se obtiene:

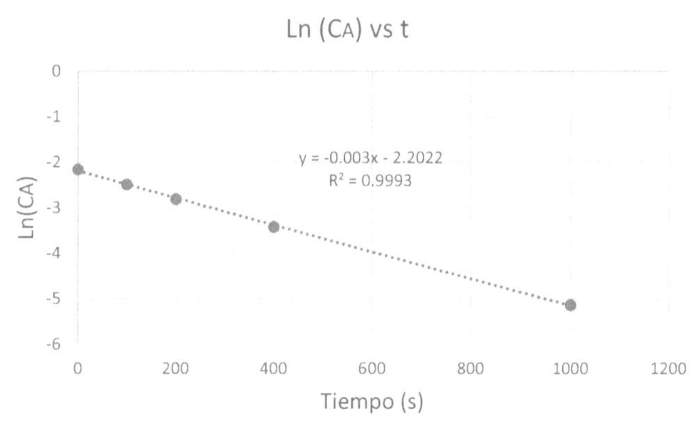

K' = 3×10^{-3} s^{-1}

Si a este valor lo dividimos por C_B^0, obtendremos el valor de K_2:

$K_2 = 5,64 \times 10^{-3}$ dm^3/mol. s

Este resultado es evidentemente un análisis no exacto de los valores, porque la diferencia es reflejo de la aproximación a la ley de pseudo primer orden.

PROBLEMA Nº 16

Una Sustancia A se descompone homogéneamente en fase gaseosa según la reacción:

$$2A \rightarrow 4B + 2C$$

Los siguientes datos son de presión total y tiempo a temperatura constante:

P_T (mmHg)	169,3	207,1	240,2	282,6
Tiempo (min)	0	6	12	21

Calcular el orden y la constante de la velocidad de reacción.

Solución:

Si la reacción es $2A \rightarrow 4B + 2C$, esta se puede simplificar a:

	A	$\rightarrow$	2 B	+	C
Inicial	P_A^0		0		0
Para t = t	$P_A^0 - X$		2X		X

Entonces la presión total es: $P_T = P_A^0 - X + 2X + X$.

Donde $P_A = P_A^0 - X$

Finalmente se tiene que: $P_T = P_A^0 + 2X$

Para determinar el orden de la reacción, utilizaremos la presión parcial de A que queda en el tiempo t, para ello calcularemos la P_A a partir de la presión total, de la manera siguiente y utilizaremos las siguientes ecuaciones para determinar el orden de reacción:

$$\ln\left(\frac{P_A^0}{P_A}\right) = K_1 t \qquad o \qquad \frac{1}{P_A} - \frac{1}{P_A^0} = K_2 t$$

Donde los subíndices de K indican el orden de reacción:

Para el tiempo de 6 minutos, se tiene:

$$P_T = P_A^0 + 2X$$

$$207,1 = 169,3 + 2X$$

$$207,1 - 169,3 = 2X$$

Entonces: $X = 18,9$ y $P_A = 150,4$ mmHg

De la misma forma determinamos para los otros tiempos y obtenemos el siguiente cuadro:

P_T	(mmHg)	169,3	207,1	240,2	282,6
P_A	(mmHg)	169,3	150,4	133,8	112,65
Tiempo	(min)	0	6	12	21
$10^2 K_1$	(min^{-1})		1,97	1,96	1,94
$10^4 K_2$	(M.min)$^{-1}$		-1,24	-1,30	-1,41

Finalmente, por consistencia de valores de K_1, la reacción es de primer orden.

PROBLEMA Nº 17

La constante de velocidad de primer orden de la descomposición en fase gaseosa del éter dimetílico, es de $3,2 \times 10^{-4}$ s^{-1} a 450°C.

$$(CH_3)_2O \rightarrow CH_4 + H_2 + CO$$

La reacción se lleva a cabo en un recipiente de volumen constante. Al principio solo hay éter dimetílico presente y la presión es de 0,350 atm. ¿Cuál es la presión del sistema después de 8 minutos?

Solución:

	$(CH_3)_2O$	$\rightarrow$	CH_4	$+$	H_2	$+$	CO
Inicial	0,350		0		0		0
Tiempo(t)	0,350-X		X		X		X

Por tanto, la presión total es: $P_T = 0,350 - X + X + X + X = 0,350 + 2X$

Como la reacción es de primer orden, debe cumplir con la siguiente ecuación:

$$\ln\left(\frac{P_A^0}{P_A}\right) = \ln\left(\frac{C_A^0}{C_A}\right) = K_1 t$$

Entonces debemos determinar el valor de P_A:

$$P_A = 0,350 - X$$

Reemplazando valores, para t = 480 s, se tiene:

$$\ln \left(\frac{0,350}{C_A}\right) = 3,2 * 10^{-4} * 480 = 0,1536$$

$$\frac{0,350}{P_A} = e^{0,1536} = 1,166$$

Entonces:

$$P_A = \frac{0,350}{1,166} = 0,300$$

$$P_A = 0,350 - X \quad \text{Entonces:}$$

$$X = 0,350 - 0,300 = 0,050$$

Por tanto: $P_T = 0,350 + 2\,X = 0,350 + 2*0,050 = 0,450$ atm.

PROBLEMA Nº 18

La reacción entre dos compuestos A y B en solución es de primer orden en B. En un experimento cinético a 300 K se obtuvieron los siguientes resultados:

C_A (mmol/L)	1,00	0,692	0,478	0,290	0,158	0,110
Tiempo (s)	0	20	40	70	100	120

Si la concentración inicial de B es 1,00 mol/L. Determinar el orden en A y calcular la constante de velocidad para la reacción global.

Solución:

La reacción es: A + B $\rightarrow$ Productos

La cinética de la reacción se expresa como:

$$-\frac{dC_A}{dt} = K . C_A^n . C_B$$

Pero por dato de problema, sabemos que $C_B >>> C_A$, por tanto, la expresión cinética se reduce a:

$$-\frac{dC_A}{dt} = K'C_A^n$$

Donde:

$$K' = KC_B$$

Tomamos, inicialmente una reacción de pseudo primer orden, debido a que C_B = 1000 mmol/L mientras que la C_A es de solo 1,00 mmol/L, podemos decir que C_B está en exceso.

Para la determinación del orden de reacción en A, iteraremos la reacción de pseudo primer orden supuesto en A:

$$\ln\left(\frac{C_A^0}{C_A}\right) = K_1 t$$

Tiempo	(s)	0	20	40	70	100	120
C_A	(mmol/L)	1,00	0,692	0,478	0,290	0,158	0,110
$10^2 K'$	(s^{-1})		1,840	1,845	1,770	1,845	1,840

Entonces K' = 1,843*10^{-2} s^{-1}, debido a la consistencia de valores.

Pero: K' = K. CB

por tanto:

K = 1,843*10^{-5} (M.s)$^{-1}$ y la cinética global de la reacción es:

$$-r_A = -\frac{dC_A}{dt} = 1,843 * 10^{-5}C_A C_B$$

PROBLEMA Nº 19

Una reacción homogénea de primer orden en fase gaseosa, A → 3 R, se estudia primero en un reactor por lotes a presión constante. A una presión de 2 atm. y empezando con A puro, el volumen aumenta en un 75 % en 15 minutos. Si la misma reacción se lleva a cabo en un reactor a volumen constante, y la presión inicial es 2 atm. ¿Cuánto tiempo se necesitará para que la presión llegue a 3 atm?

Solución:

Si la P = 2 atm, y esta se mantiene constante, tendremos:

	A	→	3 R
Inicial	V_o		0
t = 15	$V_o - v$		3v

Pero a los 15 minutos el volumen total es: $V_T = 1{,}75\ V_o$

Por tanto; $1{,}75\ V_o = V_o + 2v$

Despejando, sabemos que $v = 0{,}375\ V_o$

Como la reacción es de primer orden y considerando como gases ideales, tenemos que:

$$\ln\left(\frac{P_A^0}{P_A}\right) = \ln\left(\frac{C_A^0}{C_A}\right) = \ln\left(\frac{V_A^0}{V_A}\right) = K_1 t$$

Por tanto: $V = V_o - v = V_o - 0{,}375\ V_o = 0{,}625\ V_o$

$$\ln\left(\frac{V_0}{0{,}625\ V_0}\right) = K_1 * 15 \qquad \Rightarrow \qquad K_1 = 0{,}03133\ min^{-1}$$

Ahora, calculamos para P = 2 atm y esta se mantiene constante,

	A	→	3 R
Inicial	2		0
t = t	2-X		3X

Por tanto: $2 + 2X = 3$, de donde $X = 0{,}5$

Entonces $P_A = 2 - 0{,}5$ y $P_A = 1{,}5$ atm.

Por tanto, el tiempo es:

$$t = \frac{\ln\left(\frac{2}{1{,}5}\right)}{0{,}03133} = 9{,}182\ min$$

PROBLEMA Nº 20

Un alimento gaseoso que contiene reactante a ($C_A{}^0$ = 2 mol/L; $F_A{}^0$ = 100 molA/min) se descompone en un reactor tipo tanque de flujo mezclado para dar una serie de productos diversos. La cinética de conversión viene dada por:

$$A \rightarrow 2,5 \text{ PRODUCTOS}$$

$$-r_A = 10 \ C_A \text{ mol/L.min}$$

A. Hallar el volumen del reactor tipo tanque de flujo mezclado necesario para la descomposición del 80 % del reactante A.

B. Hallar la conversión posible en un reactor tipo tanque de flujo mezclado de 30 litros de volumen.

C. Para las mismas condiciones de la pregunta A, hallar el volumen de un reactor tubular.

D. Hallar la conversión posible en un reactor tubular de 30 litros de volumen.

Solución:

A) Para el reactor tipo tanque de flujo continuo:

$$C_A{}^0 = 2 \text{ mol/L} \qquad F_A{}^0 = 100 \text{ molA/min}$$

$$A \rightarrow 2,5 \text{ P} \qquad -r_A = 10 \ C_A$$

Como se trabaja con gases, el volumen es variable.

Ahora calculamos el valor de ε:

$$\varepsilon_A = \frac{V^0_{X_{A=1}} - V^0_{X_A=0}}{V^0_{X_A=0}} = \frac{2,5 - 1}{1} = 1,5$$

Expresamos ahora como es la ecuación de la cinética, cuando varía el volumen:

$$C_A = \frac{n_A}{V} = \frac{n_A^0(1 - X_A)}{V_0(1 + \varepsilon_A X_A)} = C_A^0 \left[\frac{1 - X_A}{1 + \varepsilon_A X_A} \right]$$

Reemplazamos el valor de C_A en la ecuación cinética, y obtenemos:

$$-r_A = 10 C_A = 10 C_A^0 \left[\frac{1 - X_A}{1 + \varepsilon_A X_A} \right]$$

La ecuación de diseño para el reactor tipo tanque es:

$$\tau = \frac{C_A^0 - C_A}{-r_A} = \frac{C_A^0 X_A}{-r_A}$$

Reemplazamos la ecuación cinética en la ecuación de diseño:

$$\tau = \frac{V}{v_0} = \frac{C_A^0 - C_A}{10 C_A^0 \left[\dfrac{1 - X_A}{1 + \varepsilon_A X_A}\right]}$$

Pero,

$$F_A^0 = v_0 C_A^0 \qquad v_0 = \frac{F_A^0}{C_A^0} = \frac{100}{2} = 50 \ L/min$$

Reordenando y reemplazando valores, se tiene:

$$V = \frac{v_0 (C_A^0 X_A)(1 + \varepsilon_A X_A)}{10 C_A^0 (1 - X_A)} = \frac{v_0 X_A (1 + \varepsilon_A X_A)}{10(1 - X_A)}$$

Reemplazando valores, obtenemos lo siguiente:

$$V = \frac{50 * 0{,}8(1 + 1{,}5 * 0{,}8)}{10(1 - 0{,}8)} = \frac{40 * 2{,}2}{2} = 44 \ L$$

B)   Para el reactor tipo tanque de 30 litros:

Tomamos la ecuación anterior, donde se hizo el reemplazo de valores:

$$V = \frac{v_0 (C_A^0 X_A)(1 + \varepsilon_A X_A)}{10 C_A^0 (1 - X_A)} = \frac{v_0 X_A (1 + \varepsilon_A X_A)}{10(1 - X_A)}$$

$$30 = \frac{50 X_A (1 + 1{,}5 X_A)}{10(1 - X_A)}$$

Operando se obtiene:

$$75 X_A^2 + 350 X_A - 300 = 0$$

Resolviendo con la fórmula de una ecuación cuadrática:

$$X_A = \frac{-350 \pm \sqrt{350^2 + 4 * 75 * 300}}{2 * 75}$$

Entonces, resolviendo para X_A se tiene:

$$X_A = 0{,}74$$

C)   Para el reactor tubular: la ecuación de diseño es,

$$\tau = C_A^0 \int_0^{X_A} \frac{dX_A}{-r_A}$$

Para las condiciones del problema:

$$V = v_0 C_A^0 \int_0^{X_A} \frac{(1 + \varepsilon_A X_A)dX_A}{10 C_A^0 (1 - X_A)}$$

Integrando gráficamente, entre los límites:

X_A	Q	A_i
0	1	
0,1	1,278	0,1139
0,2	1,625	0,1452
0,3	2,071	0,1848
0,4	2,667	0,2369
0,5	3,500	0,3084
0,55	4,056	0,1889
0,60	4,750	0,2202
0,65	5,643	0,2598
0,70	6,833	0,3119
0,75	8,500	0.3833
0,80	11,00	0,4875
Área Total (A1)		**2,8408**

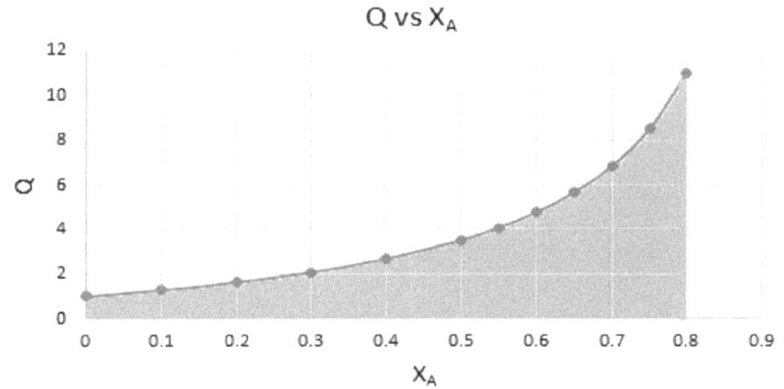

Entonces, reemplazando en la ecuación se obtiene:

$$V = 5 \int_0^{0,8} Q dX_A = 5 * 2{,}8408 = 14{,}204 \; L$$

Resolviendo con el apoyo de un computador, empleando el software MATHEMATICA, la integral analítica es:

$$-1{,}5X + 25 \ln(1 - X)$$

Y la integral entre los límites es de 2,82359

Por tanto, el volumen es 14,12 L.

D)   Para un volumen de 30 litros en un reactor tubular, cuál es la conversión:

$$\frac{30}{5} = 6 = \int_0^{X_A} Q dX_A$$

Entonces, incrementamos la integración gráfica, hasta que el área total llegue un valor de 6.

X_A	Q	A_i
0,85	15,167	0,6420
0,90	23,500	0,9667
0,91	26,278	0,2489
0,92	29,750	0,2801
0,93	34,214	0,3198
0,94	40,167	0,3719
0,945	43,955	0,210
0,947	456,698	0,0896
0,9475	46,119	0,0229
Área Total (A1+A2)		**6,00**

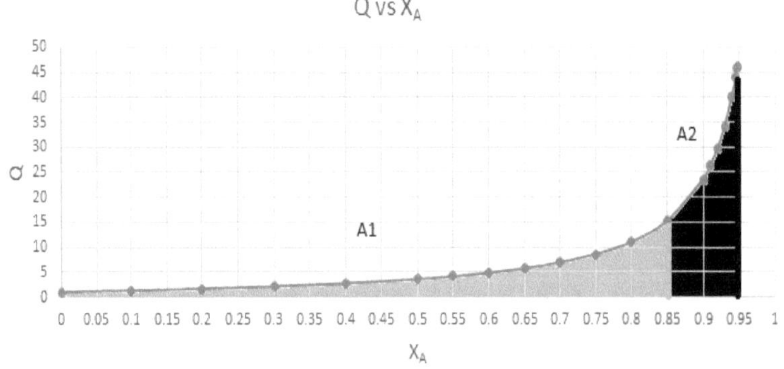

Entonces la conversión que se alcanza en un reactor tubular de 30 litros es:
$$X_A = 0,9475.$$
Al resolver por computadora, la conversión es de 0,9486.

PROBLEMA Nº 21

Se trata de descomponer una corriente de acetaldehído, a 520 °C y 1 atm. El flujo de alimentación de acetaldehído puro es de 100 g/s. Si la reacción es de segundo orden con respecto al producto indicado y la constante de velocidad es de 0,43 L/mol. s

A. ¿Cuál será el volumen del reactor tubular y tipo tanque de flujo continuo para obtener una conversión del 35 %?
B. ¿Cuál es el tiempo de residencia?

Solución:

Comencemos para el reactor tubular;

La reacción de descomposición es:

$$CH_3CHO \rightarrow CH_4 + CO$$

Como son gases, el volumen es variable, por tanto, debe determinarse el valor de ε_A

$$\varepsilon_A = \frac{V^0_{X_A=1} - V^0_{X_A=0}}{V^0_{X_A=0}} = \frac{2,0 - 1,0}{1,0} = 1,0$$

$$F^0_A = 100\frac{g}{s} = \frac{100}{44} = 2,273 \; mol/s$$

$$C^0_A = \frac{P^0_A}{RT} = \frac{1}{0,08205 * 793} = 0,0154 \; M$$

La cinética es de segundo orden, sabiendo que el volumen es variable, tendremos la siguiente ecuación cinética:

$$C_A = \frac{n_A}{V} = \frac{n^0_A(1 - X_A)}{V_0(1 + \varepsilon_A X_A)} = C^0_A\left[\frac{1 - X_A}{1 + \varepsilon_A X_A}\right]$$

Entonces:

$$-r_A = KC_A^2 = K(C_A^0)^2 \left[\frac{1 - X_A}{1 + \varepsilon_A X_A}\right]^2$$

La ecuación de diseño para el reactor tubular es:

$$\tau = C_A^0 \int_0^{X_A} \frac{dX_A}{-r_A}$$

Para las condiciones del problema se tiene que:

$$V = v_0 C_A^0 \int_0^{X_A} \frac{(1 + \varepsilon_A X_A)^2 dX_A}{K(C_A^0)^2 (1 - X_A)^2}$$

$$V = \frac{v_0}{K C_A^0} \int_0^{X_A} \left(\frac{1 + \varepsilon_A X_A}{1 - X_A}\right)^2 dX_A$$

$$F_A^0 = v_0 C_A^0 \quad v_0 = \frac{F_A^0}{C_A^0} = \frac{2{,}273}{0{,}0154} = 147{,}6 \, L/s$$

Reemplazando los valores conocidos en la ecuación anterior, se tiene:

$$V = \frac{147{,}6}{0{,}43 * 0{,}0154} \int_0^{X_A} \left(\frac{1 + X_A}{1 - X_A}\right)^2 dX_A$$

Por iteración, obtendremos el área de integración:

X_A	Q	A_i
0	1	
0,1	1,4938	0,1247
0,2	2,2500	0,1872
0,3	3,4490	0,2849
0,35	4,3136	0,1941
Área total		**0,7909**

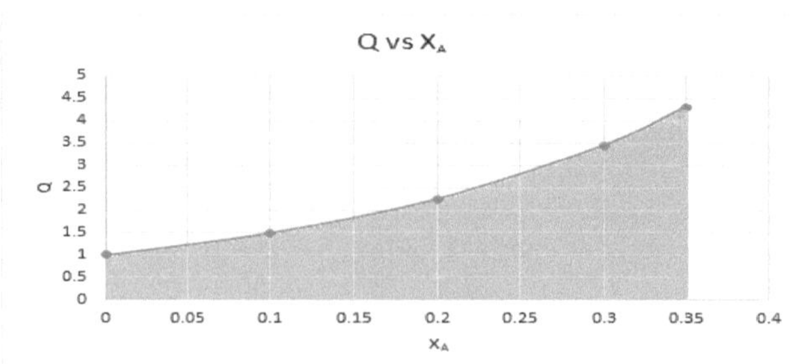

$$V = \frac{147,6}{0,43 * 0,0154} \int_0^{0,35} Q dX_A = \frac{147,6 * 0,7909}{0,43 * 0,0154} = 17628,64 \ L$$

$$\tau = \frac{V}{v_0} = \frac{17628,64}{147,6} = 119,4 \ s$$

Resolviendo por computadora, con el software MATHEMATICA la integral analítica es:

$$\frac{-4}{-1+X} + X + 4\ln(1-X)$$

Y el valor de la integral entre los límites señalados es = 0,780714

Por tanto, el volumen es 17401,51 litros.

Y el tiempo de residencia es de 117,9 segundos

Ahora haremos los cálculos para el reactor tipo tanque de flujo continuo:

$$\tau = \frac{C_A^0 - C_A}{-r_A} = \frac{C_A^0 X_A}{-r_A}$$

$$V = \frac{v_0(C_A^0 X_A)(1 + \varepsilon_A X_A)^2}{K(C_A^0)^2(1 - X_A)^2} = \frac{v_0 X_A(1 + \varepsilon_A X_A)^2}{K C_A^0 (1 - X_A)^2}$$

Reemplazando valores, se tiene:

$$V = \frac{147,6 * 0,35(1 + 0,35)^2}{0,43 * 0,0154(1 - 0,35)^2} = 33651,5 \ L$$

$$\tau = \frac{V}{v_0} = \frac{33651,5}{147,6} = 228 \ s$$

PROBLEMA Nº 22

La oxidación de tolueno a ácido benzoico en fase líquida, ha sido estudiada en un reactor discontinuo provisto de agitación, utilizando aire como medio oxidante, benzaldehído como iniciador y acetato de plata como catalizador. La reacción química sigue una cinética de primer orden, con respecto a la concentración del tolueno.

$$K = 6,1 \times 10^{-6} \ s^{-1} \quad \text{para una } T = 160 \ °C$$

Se tiene las siguientes condiciones operacionales:

Presión 20 atmósferas

Flujo de aire de 160 L/h a condiciones normales

Concentración inicial de tolueno 9,3 mol/L

Concentración de acetato de plata 0,01 mol/L

Se obtiene una conversión media a ácido benzoico de 80 %

Se desea obtener una concentración de 90 g/L de ácido benzoico (concentración considerada máxima con objeto de evitar la cristalización del ácido benzoico).

A. ¿Qué tiempo de operación se necesitará?

B. Si el tiempo de carga, descarga y limpieza del reactor es de 1,2 horas. Que volumen de reactor será necesario para fabricar 50 kg/día de ácido benzoico.

Se supone que no existe variación de volumen de la mezcla durante el proceso.

Solución:

La ecuación de diseño para un reactor intermitente es:

$$t = C_A^0 \int_0^{X_A} \frac{dX_A}{-r_A}$$

Como se supone que es de volumen constante, además está en fase de solución y es una reacción de primer orden, la cinética se expresa como:

$$-r_A = KC_A = KC_A^0(1 - X_A)$$

Reemplazando la cinética de reacción en la ecuación de diseño, se obtiene:

$$t = C_A^0 \int_0^{X_A} \frac{dX_A}{kC_A^0(1 - X_A)} = \frac{1}{k} \int_0^{X_A} \frac{dX_A}{(1 - X_A)}$$

Integrando y llevando a los límites de integración, se encuentra que:

$$tK = -Ln(1 - X_A)$$

La concentración del ácido benzoico que se debe obtener es:

$$C_{Bz} = \frac{90}{122} = 0,738 \, mol/L$$

La cantidad de tolueno que se ha transformado, en función a la cantidad obtenida de ácido benzoico es:

$$C_T = \frac{C_{Bz}}{X_A} = \frac{0,738}{0,80} = 0,9225 \; moles \; de \; tolueno$$

La concentración final de tolueno después de la reacción es:

$$C_{Tfinal} = C_T^0 - C_T^{transf} = C_T^0 - 0,9225$$

Por otro lado:

$$C_{Tfinal} = C_T^0(1 - X_A)$$

Combinando estas ecuaciones de las concentraciones finales de tolueno, se obtiene:

$$C_T^0 - 0,9225 = C_T^0(1 - X_A)$$

A partir de esta ecuación obtenemos el valor de X_A

$$X_A = \frac{0,9225}{C_T^0} = \frac{0,9225}{9,3} \cong 0,1 = 10\,\%$$

Teniendo la conversión y la ecuación general de diseño integrada, determinamos el tiempo de reacción:

$$t = \frac{-Ln(1 - X_A)}{k} = \frac{-Ln(1 - 0,1)}{6,1 \; x \; 10^{-4}} = 17272,22 \; s = 4,8 \; h$$

El volumen del reactor, se determina de la manera siguiente:

$$T_{total} = 1,2 + 4,8 = 6,0 \; horas$$

Número de moles de tolueno a obtenerse:

$$n_T = \frac{m_T}{PM.X_A} = \frac{50000}{122 \; x \; 0,8} = 512,3 \; moles \; de \; tolueno$$

Entonces el volumen es:

$$V = \frac{n_T}{C_T} = \frac{512,3}{0,9225} = 555,34 \; L$$

PROBLEMA Nº 23

La reacción gaseosa homogénea $1,5\,A \rightarrow 3,5\,R$, sigue una cinética de segundo orden. Para una velocidad de alimentación de 4 m³/h de A puro a 5 atm. y 350 °C, un reactor experimental que consiste en un tubo de 2,5 cm de diámetro interior y 2 metros de longitud, da una conversión del 60 % del alimento. Se ha instalado una planta comercial para tratar 160 m³/h de alimento de A puro a 12,5 atm. y 350 °C. Para obtener una conversión del 80 % ¿Cuántos tramos de tubería de 2 metros de longitud y 2,5 cm de diámetro interno serán necesarios?

Solución:

La reacción química y su cinética se expresan como:

$$1,5A \rightarrow 3,5R$$

$$-r_A = K C_A^2$$

Realizando un análisis para el reactor experimental:

v_0 = 4 m³/h $\qquad$ X_A = 0,60

P = 5 atm $\qquad$ T = 350 ºC = 623,15 K

La ecuación de diseño para el reactor tubular:

$$\tau = C_A^0 \int_0^{X_A} \frac{dX_A}{-r_A} = C_A^0 \int_0^{X_A} \frac{dX_A}{k C_A^2}$$

Pero como se trabaja con gases y la sumatoria del número de moles es diferente de cero, entonces, se tiene una reacción con volumen variable, para ello:

$$C_A = \frac{n_A}{V} = \frac{n_A^0(1 - X_A)}{V_0(1 + \varepsilon_A X_A)} = C_A^0 \left[\frac{1 - X_A}{1 + \varepsilon_A X_A} \right]$$

Reemplazando en la ecuación diseño, se obtiene:

$$\tau = C_A^0 \int_0^{X_A} \frac{(1 + \varepsilon_A X_A)^2 dX_A}{k(C_A^0)^2(1 - X_A)^2}$$

$$\tau = \frac{1}{k C_A^0} \int_0^{X_A} \frac{(1 + \varepsilon_A X_A)^2 dX_A}{(1 - X_A)^2}$$

Calculamos el valor de ε_A:

$$\varepsilon_A = \frac{3,5 - 1,5}{1,5} = 1,333$$

Entonces la ecuación final de diseño es:

$$\tau = \frac{1}{kC_A^0} \int_0^{X_A} \frac{(1 + 1{,}333X_A)^2 \, dX_A}{(1 - X_A)^2}$$

Vamos a realizar la integración en forma gráfica

X_A	Q	Ai
0,00	1,0	
0,10	1,58560	0,1293
0,20	2,50660	0,2046
0,30	3,99900	0,3253
0,40	6,52970	0,5264
0,50	11,1088	0,8820
0,60	20,2455	1,5677
Área Total(A1)		**3,6353**
0,65	28,43780	1,2171
0,70	41,52080	1,7490
0,75	63,98400	2,6376
0,80	106,7502	4,2684
Área Total(A1+A2)		**13,5074**

Se grafica Q Vs X_A

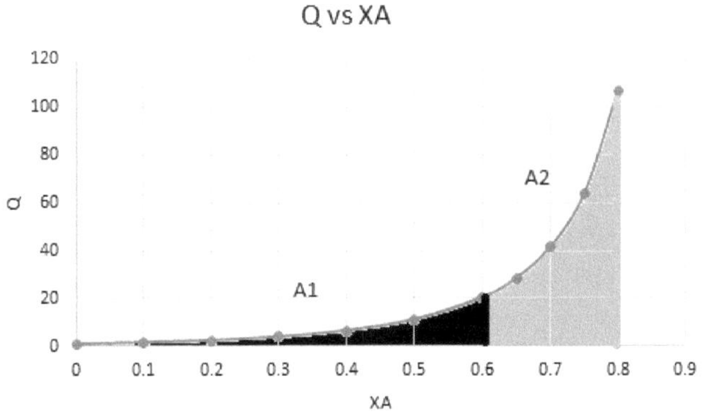

Determinamos el volumen del reactor experimental y la concentración inicial:

$$V = \pi.r^2.h = \frac{\pi.D^2.h}{4} = \frac{3,1416 * 2,5^2 * 200}{4 * 1000} = 0,9817 \, L$$

$$C_A^0 = \frac{n_A^0}{V} = \frac{P_A^0}{RT} = \frac{5}{0,08205 * 623,15} = 0,0978 \, mol/L$$

Teniendo en cuenta la integral (área total para la conversión del 60 %), el volumen del reactor experimental y la concentración inicial, determinamos el valor de la constante específica de la velocidad de reacción, K:

$$K = \frac{v_0.A_T}{V.C_A^0} = \frac{4000 * 3,6353}{0,98175 * 0,0978} = 151446,9 \frac{L}{mol.h}$$

Conociendo K, hallamos el volumen del reactor comercial:

$$C_A^0 = \frac{n_A^0}{V} = \frac{P_A^0}{RT} = \frac{12,5}{0,08205 * 623,15} = 0,2445 \, mol/L$$

$$V = \frac{v_0.A_T}{K.C_A^0} = \frac{160000 * 13,5074}{0,2445 * 151446,9} = 58,365 \, L$$

El número de tubos o tramos que se requiere es:

$$Tubos = \frac{V_{com}}{V_{exp}} = \frac{58,365}{0,98175} = 59,45 \cong 60$$

Por computadora, empleando el software MATHEMATICA, determinamos la integral en forma analítica, y corresponde a:

$$\frac{-5,44289}{-1 + X} + 1,77689 \, X + 6,21978.Log(1 - X)$$

Y el valor de la integral para la conversión del 60 % es de 3,53134, y con este valor determinamos el valor de K = 147116,3665

Conociendo K y la integral para la conversión del 80 % que es de 13,18368, podemos determinar el volumen del reactor comercial, siendo esta de 58,643 Litros y el número de tubos requeridos es de 59,73 = 60 Tubos.

PROBLEMA N° 24

Se tiene la siguiente reacción química de deshidroalquilación:

$$Tolueno + H_2 \rightarrow Benceno + Metano$$

La expresión de velocidad para esta reacción, bajo las condiciones de interés es la siguiente:

$$-r_i = K.C_T.C_{H2}^{1/2}$$

Donde: C_T = concentración del tolueno

C_{H2} = concentración de hidrógeno

Mediante una revisión bibliográfica apropiada, se encontró que la constante específica de la velocidad de reacción a 1260 °F es 0,316 ft$^{3/2}$/molLb$^{1/2}$s. Se dispone de un reactor tipo batch a nivel de planta piloto, si la reacción ocurre isotérmicamente a 1260 °F y una presión de 800 psig; siendo la razón de alimentación molar de H_2: Tolueno de 3,4:1, determinar la conversión de tolueno en un tiempo de 30,1 segundos.

Solución:

Inicialmente podemos suponer un recipiente rígido, o sea un recipiente de volumen constante. Al realizar una revisión de los datos, observamos que se tiene un reactivo limitante y en este caso es el tolueno.

$$Alimento = \frac{n_{H_2}}{n_T} = \frac{3,4}{1}$$

T = 1260 °F = 1720 R

P = 800 Psig; es una presión manométrica en estos casos se debe trabajar con la presión absoluta, por tanto:

$$P_{ABS} = 800 \text{ psig} + 14,7 \text{ psi} = 814,7 \text{ psia}$$

La reacción se simplifica como:

$$A + \frac{1}{2}B \rightarrow R + S$$

Considerando el reactivo limitante, la expresión cinética se representa como:

$$-r_A = K.C_A.C_B^{1/2}$$

$$C_A = C_A^0(1 - X_A) \qquad y \qquad C_B = C_B^0 - 1/2C_A^0X_A$$

Si $\quad C_A = C_A^0(1 - X_A) \quad \Rightarrow \quad dC_A = -C_A^0 dX_A$

Reemplazamos en la ecuación de velocidad:

$$\frac{C_A^0 \, dX_A}{dt} = K.C_A^0(1 - X_A)(C_B^0 - 1/2C_A^0 X_A)^{1/2}$$

Reordenando:

$$\frac{C_A^0 \, dX_A}{C_A^0(1 - X_A)\left(Z - \tfrac{1}{2}X_A\right)^{1/2}} = K.dt$$

$$\frac{C_A^0 \, dX_A}{C_A^0(1 - X_A)\left(Z - \tfrac{1}{2}X_A\right)^{1/2}} = (C_A^0)^{1/2}K.dt$$

Ecuación General de diseño del reactor batch

$$\int_0^{X_A} \frac{dX_A}{(1-X_A)\left(Z-\tfrac{1}{2}X_A\right)^{1/2}} = (C_A^0)^{1/2}.K.t.$$

Esta ecuación de diseño, se puede resolver por dos métodos:

1.- Por integración analítica

2.- por integración gráfica

En este caso resolveremos gráficamente, para ello se debe representar en forma gráfica:

$$\frac{1}{(1 - X_A)\left(Z - \tfrac{1}{2}X_A\right)^{1/2}} \qquad Vs \qquad X_A$$

Para el gráfico se necesita determinar las concentraciones iniciales de A y B, considerando el comportamiento de gases ideales:

$$P_i V = n_i RT \qquad \Rightarrow \qquad C_i = \frac{n_i}{V} = \frac{P_i}{RT}$$

Para P_A^0 dado, se tiene la C_A^0 por gas ideal

$$C_A^0 = \frac{P_A^0}{RT} \qquad \Rightarrow \qquad P_A^0 = Y_A^0 P_T \qquad y \qquad P_B^0 = Y_B^0 P_T$$

Por dato de problema, se tiene 3,4 moles de B y 1 mol de A, entonces:

$$Y_A^0 = \frac{1}{1 + 3,4} = 0,2273 \qquad y \qquad Y_B^0 = \frac{3,4}{3,4 + 1} = 0,7727$$

$$P_A^0 = 0,2273 \; x \; 814,7 = 185,18 \, psia$$

$$P_B^0 = 0,7727 \; x \; 814,7 = 629,52 \, psia$$

$$C_A^0 = \frac{185,18}{1728 * 10,73} = 0,01 \, molLb/ft^3$$

$$C_B^0 = \frac{629{,}52}{1728 * 10{,}73} = 0{,}034 \; molLb/ft^3$$

$$Z = \frac{C_B^0}{C_A^0} = \frac{0{,}034}{0{,}01} = 3{,}4$$

Entonces tomando en cuenta la ecuación general del reactor batch, deducido anteriormente, y los datos del problema, se obtiene la ecuación siguiente:

$$\int_0^{X_A} \frac{dX_A}{(1 - X_A)(3{,}4 - (1/2)X_A)^{1/2}} = (C_A^0)^{1/2}.K.t$$

$$\int_0^{X_A} \frac{dX_A}{(1 - X_A)(3{,}4 - (1/2)X_A)^{1/2}} = (0{,}01)^{1/2} * 0{,}316 * 30{,}1$$

$$\int_0^{X_A} \frac{dX_A}{(1 - X_A)(3{,}4 - (1/2)X_A)^{1/2}} = 0{,}95116$$

Entonces, debemos integrar la función anterior hasta que el área total sea igual a 0,95116.

X_A	Q	Ai
0,00	0,5423	
0,10	0,6070	0,0570
0,20	0,6880	0,0645
0,30	0,7924	0,0790
0,40	0,9317	0,0860
0,50	1,1269	0,1030
0,60	1,4200	0,1260
0,70	1,9100	0,1650
0,80	2,8800	0,2400
0,81	3,0410	0,0296
Área Total		**0,950**

La integración gráfica, mostrado en el gráfico siguiente, nos da un área total de 0,9501, que podemos considerar como 0,9501 ≈ 0,95116

Por tanto, la conversión es del 81%.

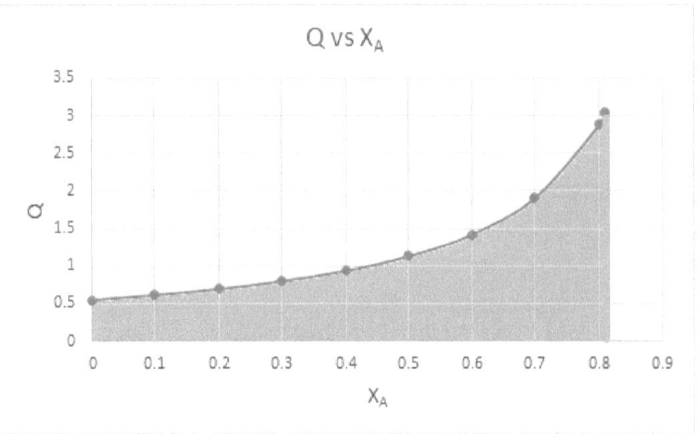

Utilizando la computadora y e software Mathematica, encontramos que la integral cuando la conversión es 0,81455 es de 0,95111, por tanto la conversión corresponde al 81,455 %.

PROBLEMA N° 25

La hidrogenación catalítica en fase gaseosa del acetileno para producir etano a 1000 K es:

$$C_2H_2 + 2H_2 \rightarrow C_2H_6$$

Se ha redescubierto que este proceso se efectúa con una velocidad de reacción que puede representarse en forma adecuada por la siguiente ecuación de velocidad:

$$-r_A = K C_B C_A$$

Donde: C_A = Concentración del acetileno

C_B = concentración del hidrógeno

Los experimentos de laboratorio a 1000 K indican que la constante de velocidad es igual a 100000 L/mol.min. Si una mezcla de 75 % de hidrógeno y 25 % de acetileno, en base molar, se carga a un reactor intermitente de 1 litro de volumen; inicialmente se encuentran presentes en el reactor 0,001 mol de acetileno. Calcúlese el tiempo de residencia a 1000 K, necesario para obtener una conversión del 90 % de acetileno.

Solución:

$$C_2H_2 + 2H_2 \rightarrow C_2H_6$$

$$A + 2B \rightarrow R$$

$$-r_A = KC_BC_A \implies \quad K = 1 \times 10^5 \text{ L/mol.min}$$

La alimentación es 25 % de A y 75 % de B

T = 1000 K   y se requiere una conversión de $X_A = 0{,}90$

Si inicialmente se tiene 0,001 mol de A, entonces se tendrá 0,003 mol de B, por condición de alimentación.

La ecuación de diseño para un reactor intermitente es igual a la ecuación cinética:

$$-r_A = KC_BC_A \ ; \ \text{ si el V es constante}$$

$$-\frac{1}{V}\frac{dn_A}{dt} = K.\frac{n_A}{V}.\frac{n_B}{V} \qquad \Rightarrow \qquad -\frac{dn_A}{dt} = \frac{K}{V}.n_A.n_B$$

Si $n_A{}^0.X_A = X \quad \Rightarrow$ La cantidad molar que reacciona.

Entonces: $n_A = n_A{}^0 - X \quad$ y $\quad n_B = n_B{}^0 - 2X$

$$-\frac{dn_A}{dt} = \frac{K}{V}.(n_A^0 - X).(n_B^0 - 2X)$$

Como $n_A = n_A{}^0 - X \quad$ entonces $\quad dn_A = - dX$

Reemplazando en la ecuación de diseño y reordenando, se tiene:

$$\frac{dX}{dt} = \frac{K}{V}.(n_A^0 - X).(n_B^0 - 2X)$$

$$\frac{dX}{(n_A^0 - X)(n_B^0 - 2X)} = \frac{K}{V}dt$$

Integrando desde 0 hasta X y de t = 0 hasta t,

$$\int_0^{X_A} \frac{dX}{(n_A^0 - X)(n_B^0 - 2X)} = \frac{K}{V}\int_0^t dt$$

$$\int_0^{X_A} \frac{dX}{(0{,}001 - X)(0{,}003 - 2X)} = \frac{K.t}{V}$$

$$\int_0^{X_A} \frac{dX}{3x10^{-6} - 0{,}005X + 2X^2} = \frac{K.t}{V}$$

Esta integral se puede resolver en forma analítica o gráfica, en este caso vamos a resolver en forma analítica:

Si:

$a = 3x10^{-6}$

$b = -0,005$

$c = 2$

Reemplazando los valores en la ecuación, obtenemos lo siguiente:

$$\int_0^{X_A} \frac{dX}{a - bX + cX^2}$$

La integración de la función anterior nos da:

$$\left[\frac{1}{(b^2 - 4ac)^{1/2}} Ln \left\{ \frac{2cX + b - (b^2 - 4ac)^{1/2}}{2cX + b + (b^2 - 4ac)^{1/2}} \right\} \right]_0^X$$

Pero esta integral debe cumplir con la siguiente condición:

$$b^2 > 4ac \implies (0,005)^2 > 4 \times 3x10^{-4} \times 2$$

$$2,5x10^{-5} > 2,5x10^{-6}$$

Podemos observar que la condición se cumple, por tanto, la integral es factible, reemplazando los valores en la ecuación, se tiene:

$$\left[\frac{1}{(1x10^{-6})^{1/2}} Ln \left\{ \frac{2 * 2X + (-0,005) - (1x10^{-6})^{1/2}}{2 * 2X + (-0,005) + (1x10^{-6})^{1/2}} \right\} \right]_0^X = \frac{K.t}{V}$$

$$\frac{1}{1x10^{-3}} Ln \left\{ \frac{4X - 0,005 - 1x10^{-3}}{4X - 0,005 + 1x10^{-3}} \right\}_0^X = \frac{K.t}{V}$$

$$X = 0,001 \times 0,9 = 9x10^{-4} \text{ moles}$$

Trabajando con los límites, se obtiene:

$$\frac{1}{1x10^{-3}} \left[Ln \left(\frac{-2,4x10^{-3}}{-4x10^{-3}} \right) - 0,4055 \right] = \frac{10^5.t}{1}$$

$$t = \frac{1}{1x10^{-3}} (1,7918 - 0,4055)(10^{-5}) = 0,01386 \, min$$

$$t = 0,01386 \, min = 0,83 \, segundos$$

PROBLEMA N° 26

Una disolución que contiene 10 mol/L de un compuesto reactivo se trata a razón de 750 L/h. los datos cinéticos obtenidos en un reactor batch de laboratorio son los siguientes:

$-r_A$ mol/L.h	17,0	13,4	10,6	8,1	6,2	4,8	3,6	2,46	1,62	0,80
C_A mol/L	10	9	8	7	6	5	4	3	2	1

a) Que tamaño de reactor se necesita para la conversión del 90%, suponiendo despreciable el tiempo de llenado y vaciado del reactor en cada lote. ¿Cuantas cargas puede realizarse en 24 horas?

b) Que conversión porcentual se obtiene con una batería de reactores tipo tanque de flujo continuo si el volumen de reactor es de 1500 litros.

Solución:

a) Para el reactor Batch:

La ecuación de diseño es:

$$t = C_A^0 \int_0^{X_A} \frac{dX_A}{-r_A} = C_A^0 \int_0^{0,90} \frac{dX_A}{-r_A}$$

El problema se resuelve fácilmente en forma gráfica:

Para ello graficaremos $1/-r_A$ vs X_A

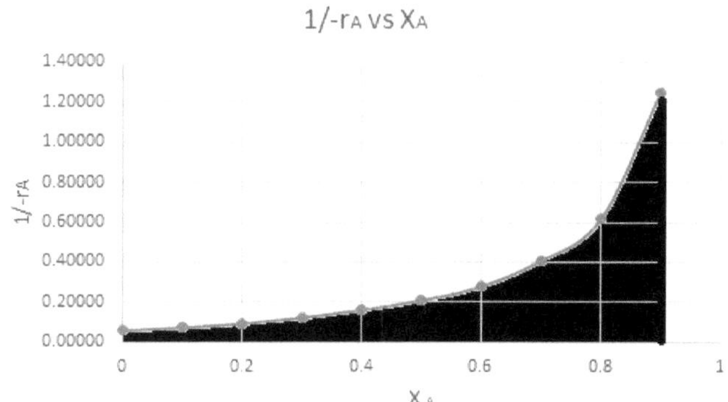

C_A	C_A	$1/-r_A$	A_i
10	0	0,05882	
9	0,1	0,07463	0,00667
8	0,2	0,09434	0,00845
7	0,3	0,12346	0,01089
6	0,4	0,16129	0,01424
5	0,5	0,20833	0,01848
4	0,6	0,27778	0,02431
3	0,7	0,40650	0,03422
2	0,8	0,61728	0,05119
1	0,9	1,25000	0,09337
	Área Total		**0,26180**

Del grafico se tiene que:

$$C_A^0 \int_0^{0,90} \frac{dX_A}{-r_A} = 0,2618$$

Entonces:

$$t = C_A^0 x 0,2618$$

$$t = 10 x 0,2618 = 2,618 \text{ horas}$$

$$N^\circ \text{ Lotes} = 24/2,618 = 9,167 \cong 9,2 \text{ Lotes}$$

b) Para reactores tipo tanque en serie:

Como en el caso anterior, la resolución del problema si se emplea el método gráfico, para ello se debe graficar $-r_A$ Vs C_A

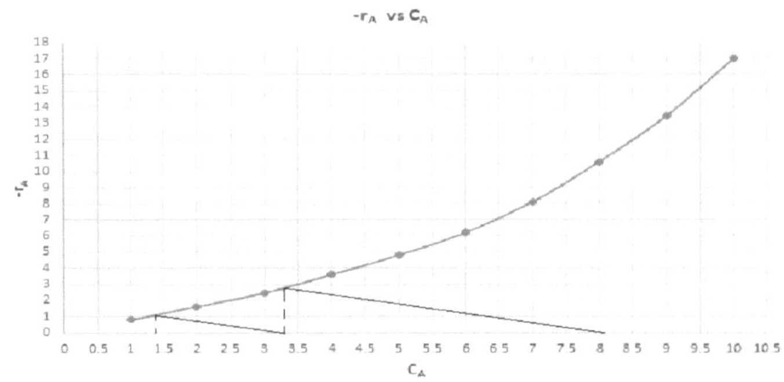

Como las pendientes son iguales:

$$m = -\frac{1}{\tau} = -\frac{v_0}{V} = -0,5 \; h^{-1}$$

Trazando la pendiente en la gráfica obtenemos que:

$C_A = 1,45$ y $X_A = 0,873$

PROBLEMA N° 27

Se desea sustituir un reactor tipo tanque de flujo continuo por otro de volumen triple. Hallar la nueva conversión que se obtendrá si se mantiene el mismo alimento acuoso de 20 mol A/Litro y la misma velocidad de alimentación. La cinética de la reacción está representada por:

$$A \rightarrow R$$

$$-r_A = K C_A^{1,5}$$

Solución:

Inicialmente trabajaremos para las condiciones del primer reactor:

La ecuación de diseño es:

$$\tau = \frac{V}{v_0} = \frac{C_A^0 - C_A}{-r_A} = \frac{C_A^0 X_A}{-r_A}$$

$$\frac{V}{v_0} = \frac{C_A^0 - C_{A.1}}{K(C_{A.1})^{1,5}}$$

$$\frac{V.K}{v_0} = \frac{C_A^0 - C_{A.1}}{(C_{A.1})^{1,5}}$$

Para la condición del segundo reactor:

Si los primeros miembros son iguales, entonces, los segundos miembros también deben ser iguales:

$$\frac{C_A^0 - C_{A.1}}{(C_{A.1})^{1,5}} = \frac{C_A^0 - C_{A.2}}{3(C_{A.2})^{1,5}}$$

Por dato del problema:

$C_{A.1} = C^0_A (1 - X_A)$

$C_{A.1} = 20(1 - 0,65)$

$$C_{A.1} = 7 \text{ mol/L}$$

Reemplazamos en la ecuación final, y se obtiene:

$$\frac{3(20-7)}{(7)^{1,5}} = \frac{20 - C_{A.2}}{(C_{A.2})^{1,5}}$$

$$2{,}106(C_{A.2})^{1,5} + C_{A.2} = 20$$

Resolveremos por iteración:

Cuando $C_{A.2}$	La igualdad=20
4	20,848
3,9	20,12
3,885	20,011
3,884	20,004
3,88	19,976

Por tanto, $C_{A.2}$ = 3,884 mol/L

$$X_A = 0{,}8058$$

PROBLEMA N° 28

Se sabe que la reacción química $A \rightarrow Productos$, tiene una velocidad de reacción proporcional a la enésima potencia de la concentración de A ($-r_A = KC_A{}^n$). Se efectúa un experimento en el cual, la reacción se realiza en dos reactores tipo tanque de agitación continua que funciona a condiciones constantes. La composición de A en la alimentación del primer reactor es $C_A{}^0 = 1mol/L$. El efluente del primer reactor alimenta al segundo. El tiempo de residencia del primer reactor es de 96 segundos, y el volumen del segundo reactor es el doble del primero, se encuentra experimentalmente que la concentración de A la salida del primer reactor es de $0{,}5mol/L$, y en la salida del segundo reactor C_{A2} es 0,25 mol/L. Determine la cinética de reacción.

Solución:

A condiciones constantes, entonces tenemos que la temperatura es constante, por lo que tendremos un mismo K en ambos reactores.

Podemos resolver el problema por consistencia de K para una reacción supuesta de segundo orden:

Para el primer reactor:

$$\tau_1 = \frac{C_A^0 - C_{A.1}}{K(C_{A.1})^n}$$

$$K(C_{A.1})^n = \frac{C_A^0 - C_{A.1}}{\tau_1}$$

$$K = \frac{C_A^0 - C_{A.1}}{\tau_1(C_{A.1})^2}$$

Reemplazando valores, se tiene:

$$K = \frac{1 - 0.5}{96(0.5)^2} = 0{,}020833$$

Para el segundo reactor:

$$\tau_2 = \frac{C_{A.1}^0 - C_{A.2}}{K(C_{A.2})^n}$$

$$K(C_{A.2})^n = \frac{C_{A.1}^0 - C_{A.2}}{\tau_2}$$

$$K = \frac{C_{A.1}^0 - C_{A.2}}{\tau_2(C_{A.2})^2}$$

Reemplazando valores, se tiene:

$$K = \frac{0.5 - 0.25}{192(0.25)^2} = 0{,}020833$$

Por tanto, la cinética de la reacción es:

$$-r_A = \frac{dC_A}{dt} = 0{,}02833 \cdot C_A^2$$

PROBLEMA N° 29

En un reactor de flujo mezclado en estado estacionario (reactor tipo tanque de agitación continua) se obtiene los siguientes datos para una reacción:

$$A \rightarrow R$$

t; (s)	60	35	11	20	11
C_A^0;(mmol/L)	50	100	100	200	200
C_A; (mmol/L)	20	40	60	80	100

Si tenemos una concentración inicial de 100mmol/L. determinar el espacio de tiempo necesario para alcanzar una conversión del 80%, en un reactor de flujo en pistón.

Solución:

Para comenzar, necesitamos conocer la cinética de la reacción, para ello utilizaremos la ecuación de diseño de un reactor tipo tanque, porque los datos se han obtenido en este tipo de reactor en estado estacionario.

$$\tau = \frac{V}{v_0} = \frac{C_A^0 - C_A}{-r_A} = \frac{C_A^0 X_A}{K(C_A)^n}$$

$$K(C_A)^n = \frac{C_A^0 - C_A}{\tau}$$

$$\ln K + n \ln C_A = \ln\left(\frac{C_A^0 - C_A}{\tau}\right)$$

Tenemos la ecuación de una línea recta, por tanto, podemos graficar

$$\ln C_A \quad Vs \quad \ln\left(\frac{C_A^0 - C_A}{\tau}\right) = \ln Q$$

τ	Ln(CA)	Ln(Q)
60	2,99570	-0,69315
35	3,68880	0,53900
11	4,09430	1,29100
20	4,38200	1,79176
11	4,68520	2,20730

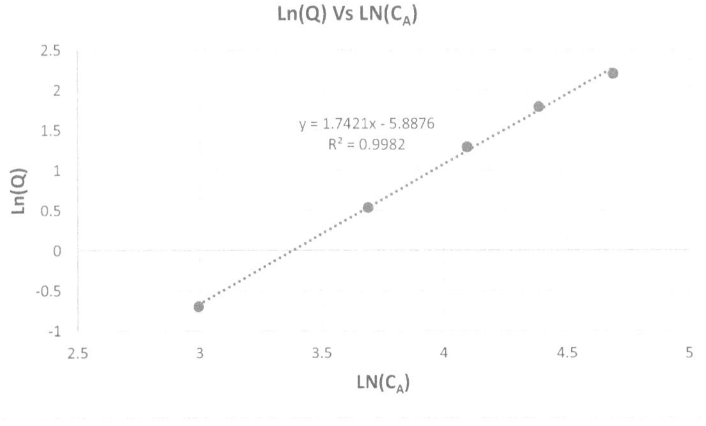

Del gráfico, tenemos:

$$A = m = -5{,}88775$$

Entonces: $K = 2{,}773 * 10^{-3}$

$$B = n = 1{,}74 \text{ (es el orden de la reacción)}$$

Por tanto, la expresión de la cinética es :

$$-r_A = \frac{-dC_A}{dt} = 2{,}773 * 10^{-3}(C_A)^{1.74}$$

Conociendo la ecuación cinética, determinaremos el tiempo espacial necesario en el reactor tubular:

La ecuación de diseño es :

$$\tau = C_A^0 \int_0^{0,8} \frac{dX_A}{-r_A} = C_A^0 \int_0^{0,8} \frac{dX_A}{2{,}773 * 10^{-3}(C_A)^{1,74}}$$

$$\tau = \frac{C_A^0}{2{,}773 * 10^{-3}(C_A)^{1,74}} \int_0^{0,8} \frac{dX_A}{(1 - X_A)^{1,74}}$$

Integramos gráficamente:

X_A	$1/(1-X_A)^{1,74}$	A_i
0	1	
0.1	1.2012	0.11006
0.2	1.4744	1.13378
0.3	1.8601	0.16673
0.4	2.4323	0.21462
0.5	3.3404	0.28864
0.6	4.9251	0.41327
0.7	8.1247	0.65231
0.8	16.4516	1.22882
Área Total		**3.20823**

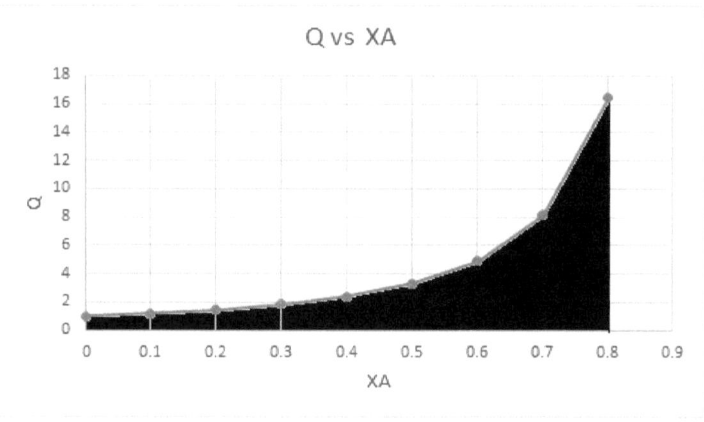

Por tanto:

$$\tau = \frac{3,20823}{2,773 * 10^{-3} * 100^{1,74}} = 38,31s$$

La integración con el software MATHEMATICA, nos da el valor de 3,09502. por tanto, el tiempo espacial es 36,96 segundos.

PROBLEMA N° 30

Dado los siguientes datos de la velocidad – concentración para una reacción especifica en fase gaseosa:

C_A(mol/L)	1	2	4	6	8	10
$-r_A$(mol/L.s)	0,01	0,02	0,04	0,09	0,16	0,25

Hallar el tiempo espacial para obtener el 80% de conversión de 10 mol/L de alimento A puro gaseoso que tiene lugar en un reactor de flujo pistón, si la estequiometria de la reacción viene dada por:

$$R \rightarrow 3R$$

Solución:

Al observar el problema, se tiene una reacción en fase gaseosa, por tanto, se tiene una reacción de volumen variable. Determinamos el valor de ε_A

$$\varepsilon_A = \frac{V^0_{X_A=1} - V^0_{X_A=0}}{V^0_{X_A=0}} = \frac{3,0 - 1,0}{1,0} = 2,0$$

Luego, se determina la conversión en sistemas de volumen variable:

$$C_A = \frac{n_A}{V} = \frac{n_A^0(1 - X_A)}{V_0(1 + \varepsilon_A X_A)} = C_A^0 \left[\frac{1 - X_A}{1 + \varepsilon_A X_A}\right]$$

Despejamos X_A de la ecuación anterior, y se obtiene:

$$X_A = \frac{C_A^0 - C_A}{C_A^0 + \varepsilon_A C_A} = \frac{C_A^0 - C_A}{C_A^0 + 2C_A}$$

Determinamos X_A para cada condición de velocidad:

Para $C_A = 1$

$$X_A = \frac{C_A^0 - C_A}{C_A^0 + 2C_A} = \frac{10 - 1}{10 + 2x1} = \frac{9}{12} = 0,75$$

En forma análoga para los siguientes datos; obteniéndose el siguiente cuadro:

C_A	$-r_A$	X_A	$-1/r_A$
1	0,01	0,7500	100
2	0,02	0,5714	50
4	0,04	0,3333	25
6	0,09	0,1818	11,1
8	0,16	0,0769	6,25
10	0,25	0,0	4,0

La ecuación de diseño, para un reactor tubular es:

$$\tau = C_A^0 \int_0^{0,8} \frac{dX_A}{-r_A}$$

Para determinar la integral, se tiene que graficar $-1/r_A$ Vs X_A

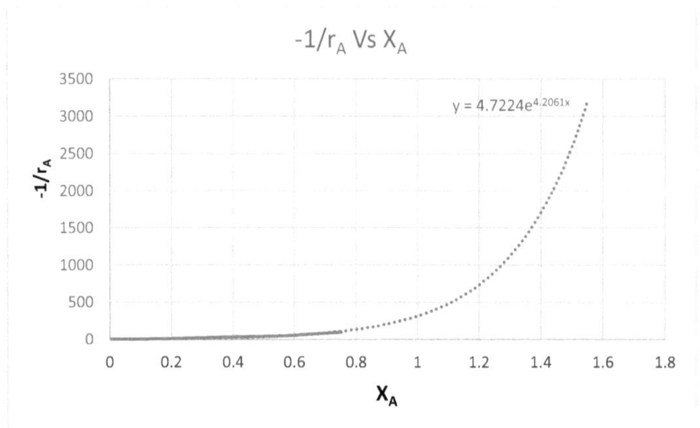

Del gráfico se observa que la tendencia es exponencial y tiene la siguiente ecuación

$$Y = 4,7224e^{4,2061X}$$

Del grafico obtenemos que la integral es 31,4604; entonces:

$$\tau = 10 * 31,46 = 314,6s = 5,25 \; minutos$$

PROBLEMA N° 31

Una corriente acuosa de reactante (4 mol A/L) pasa a través de un reactor tipo tanque de mezcla completa seguido por un reactor tubular, si en el reactor tipo tanque $C_A = 1$ mol A/L. la reacción es de primer orden con respecto a A y los reactores son del mismo volumen.

Solución:

Consideremos, que el sistema trabaja a las mismas condiciones de temperatura, por tanto, K es igual en ambos reactores.

Si : $\qquad -r_A = K * C_A$

Para el reactor tipo tanque:

$$\tau = \frac{C_A^0 - C_{A,1}}{K * C_{A,1}}$$

$$\tau * K = \frac{C_A^0 - C_{A,1}}{C_{A,1}}$$

Para el reactor tubular:

$$\tau = -\int_{C_A^0}^{C_A} \frac{dC_A}{-r_A} = -\int_{C_{A,1}}^{C_{A,2}} \frac{dC_A}{K * C_{A,2}}$$

$$\tau = -\frac{1}{K} \int_{C_{A,1}}^{C_{A,2}} \frac{dC_A}{C_{A,2}}$$

Integrando se obtiene:

$$\tau K = Ln\left(\frac{C_{A,1}}{C_{A,2}}\right)$$

Si los primeros miembros del reactor tipo tanque y del reactor tubular son iguales, entonces, los segundos miembros también son iguales. por tanto:

$$\frac{C_A^0 - C_{A,1}}{C_{A,1}} = Ln\left(\frac{C_{A,1}}{C_{A,2}}\right)$$

Reemplazando valores, se tiene:

$$\frac{4 - 1}{1} = Ln\left(\frac{1}{C_{A,2}}\right)$$

$$3 = Ln\left(\frac{1}{C_{A,2}}\right)$$

$$e^3 = \frac{1}{C_{A,2}}$$

$$20{,}0855 = \frac{1}{C_{A,2}}$$

Despejando se tiene que:

$$C_{A,2} = 0{,}04979 = 0{,}05 \; mol/L$$

PROBLEMA N° 32

La reacción homogénea en fase gaseosa $A \rightarrow 3R$ tiene como expresión de velocidad a 215°C, $-r_A = 0{,}01C_A \; mol/L.s$

Hallar el tiempo espacial necesario para el 80% de conversión de un alimento que consiste en 50% de A y 50 % de inertes en un reactor de flujo pistón que trabaja a 215°C y 5 atm de presión. Si la concentración inicial de A es 0.0625 mol/L.

Solución:

La reacción es : $A \rightarrow 3R$

La cinética de reacción es : $-r_A = 0{,}01C_A$

La conversión que se desea es de 80% o $X_A = 0{,}80$

La alimentación es una mezcla de 50% de A y 50 % de inertes

Como se tiene una reacción en fase gaseosa y un cambio en el número de moles, estamos en un caso de reacción con cambio de volumen.

Determinamos el valor de ε_A.

Para un mol de alimento, se tiene 0.5 moles de A y 0.5 moles de inertes.

Si :
$$X_A = 0 \; ; tenemos \; que \; A = 0{,}5 \, V_0 \; e \, I = 0{,}5V_0$$
$$X_A = 1 \; ; entonces \; R = 0{,}5 \, V_0 \; e \, I = 0{,}5V_0$$

Entonces

$$\varepsilon_A = \frac{V_{XA\rightarrow 1} - V_{XA\rightarrow 0}}{V_{XA\rightarrow 0}} = \frac{2-1}{1} = 1$$

La ecuación de diseño para el reactor tubular es:

$$\tau = C_A^0 \int_0^{X_A} \frac{dX_A}{-r_A} = C_A^0 \int_0^{X_A} \frac{dX_A}{0.01 * C_A}$$

$$C_A = \frac{n_A}{V} = \frac{n_A^0(1 - X_A)}{V_0(1 + \varepsilon_A X_A)} = C_A^0 \frac{(1 - X_A)}{(1 + \varepsilon_A X_A)}$$

Reemplazando en la ecuación de diseño, tenemos:

$$\tau = C_A^0 \int_0^{X_A} \frac{dX_A}{0,01 * C_A^0 \dfrac{(1 - X_A)}{(1 + \varepsilon_A X_A)}} = \frac{1}{0,01} \int_0^{X_A} \frac{(1 + X_A)dX_A}{(1 - X_A)}$$

$$\tau = \frac{1}{0,01} \left[\int_0^{X_A} \frac{dX_A}{(1 - X_A)} + \int_0^{X_A} \frac{X_A dX_A}{(1 - X_A)} \right]$$

$$\tau = \frac{1}{0,01} \left[\int_0^{X_A} \frac{dX_A}{1 + (-1)X_A} + \int_0^{X_A} \frac{X_A dX_A}{1 + (-1)X_A} \right]$$

$$\tau = \frac{1}{0,01} \left[\frac{1}{-1} Ln(1 - X_A) + \frac{X_A}{-1} - \frac{1}{-1} Ln(1 - X_A) \right]_0^{X_A}$$

$$\tau = \frac{1}{0,01} \left[-Ln(1 - X_A) + X_A - Ln(1 - X_A) \right]_0^{X_A}$$

$$\tau = \frac{1}{0,01} \left[-Ln(1 - X_A) + X_A - Ln(1 - X_A) \right]$$

$$\tau = \frac{1}{0,01} \left[-2Ln(1 - X_A) - X_A \right]$$

$$\tau = \frac{1}{0,01} \left[-2Ln(1 - 0,8) - 0,8 \right]$$

$$\tau = \frac{1}{0,01} (3,219 - 0,8) = 241,9 \; s$$

PROBLEMA N° 33

Para una velocidad de alimentación dada, suponiendo un alimento gaseoso puro, hallar el aumento relativo de volumen de un reactor de flujo pistón necesario para elevar la conversión del reactante desde 1/3 hasta 2/3, dado la siguiente ecuación cinética:

$$3 A \quad \rightarrow \quad 2R$$

$$-r_A = K * C_A^2$$

solución:

Como son gases debemos determinar el valor de ε_A.

$$3\,A \quad \rightarrow \quad 2R$$

$$\varepsilon_A = \frac{2-3}{3} = -0{,}333$$

$$X_{A,1} = 0{,}333 \quad y \; X_{A,2} = 0{,}666$$

La ecuación de diseño es:

$$\tau = C_A^0 \int_0^{X_A} \frac{dX_A}{-r_A} = C_A^0 \int_0^{X_A} \frac{dX_A}{K * C_A^2}$$

Pero:

$$C_A = \frac{n_A}{V} = \frac{n_A^0(1 - X_A)}{V_0(1 + \varepsilon_A X_A)} = C_A^0 \frac{(1 - X_A)}{(1 + \varepsilon_A X_A)}$$

$$\tau = \frac{C_A^0}{K * C_A^{0\,2}} \int_0^{X_A} \frac{(1 + \varepsilon_A X_A)^2 dX_A}{(1 - X_A)^2} = \frac{1}{K * C_A^0} \int_0^{X_A} \frac{(1 + \varepsilon_A X_A)^2 dX_A}{(1 - X_A)^2}$$

Para la conversión de 1/3 se tiene:

$$V_1 = \frac{v_0}{K * C_A^0} \int_0^{0,333} \left(\frac{1 - 0.333 X_A}{1 - X_A}\right)^2 dX_A$$

Para la conversión de 2/3, por analogía se tiene:

$$V_2 = \frac{v_0}{K * C_A^0} \int_0^{0,666} \left(\frac{1 - 0{,}333 X_A}{1 - X_A}\right)^2 dX_A$$

El incremento es:

$$V_1 = \frac{v_0}{K * C_A^0} \int_0^{0,333} \left(\frac{1 - 0{,}333 X_A}{1 - X_A}\right)^2 dX_A$$

$$V_2 = \frac{v_0}{K * C_A^0} \int_0^{0,666} \left(\frac{1 - 0{,}333 X_A}{1 - X_A}\right)^2 dX_A$$

Simplificando se tiene:

$$\frac{V_2}{V_1} = \frac{\int_0^{0,666} \left(\frac{1 - 0,333X_A}{1 - X_A}\right)^2 dX_A}{\int_0^{0,333} \left(\frac{1 - 0,333X_A}{1 - X_A}\right)^2 dX_A}$$

Las integrales se pueden resolver por el método gráfico:

XA	Q	Ai
0	1	
0,1	1,1537	0,107685
0,2	1,3613	0,125750
0,3	1,6534	0,150735
0,333	1,7769	0,056600
Área (A1)		**0,44077**
0,4	2,0871	0,187025
0,5	2,7789	0,243300
0,6	4,0020	0,339045
0,666	5,4289	0,311297
Área Total(A1+A2)		**1,5214**

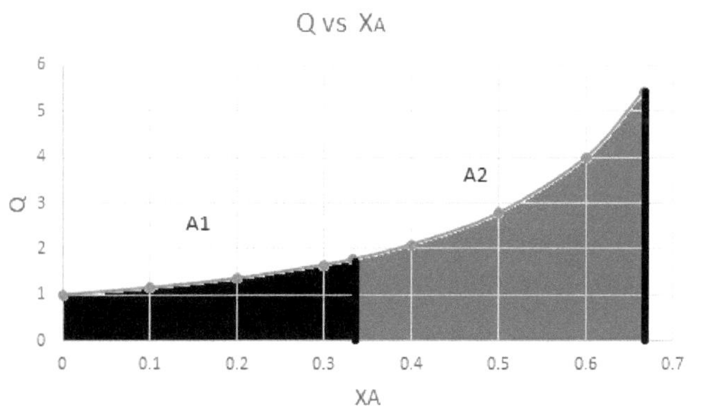

$$\frac{V_2}{V_1} = \frac{1,5214}{0,44077} = 3.4517$$

PROBLEMA N° 34

Cuando la descomposición de primer orden en fase gaseosa homogénea $A \rightarrow 2{,}5\,R$, se realiza en un reactor bacht isotérmico a 2 atm con 20 % de inertes presente, el volumen aumenta el 60 % en 20 minutos.

Calcúlese el tiempo necesario para que la presión alcance 8 atm si la presión inicial es de 5 atm, dos de los cuales se debe a los inertes, si la reacción se efectúa en un reactor de volumen constante.

Solución:

Determinar el valor de ε_A :

Considerando una alimentación inicial de 1.0 moles.

$$A \quad \rightarrow \quad 2{,}5\,R$$

Como se tiene un 20 % de inertes, el cálculo de ε_A se obtiene de la manera siguiente:

$$0{,}8\ de\ A \quad \rightarrow \quad 2{,}0\ de\ R$$
$$0{,}2\ de\ I \quad \rightarrow \quad 0{,}2\ de\ I$$

$$\text{-----------------------------------}$$

$$1\ mol \quad \rightarrow \quad 2{,}2\ mol$$

$$\varepsilon_A = \frac{2{,}2 - 1}{1} = 1{,}2$$

Si:

$$-r_A = \frac{C_A^0}{(1 + \varepsilon_A X_A)}\frac{dX_A}{dt}$$

Entonces para una cinética de primer orden, y tratándose de una reacción en fase gaseosa, se obtiene:

$$-r_A = \frac{C_A^0}{(1 + \varepsilon_A X_A)}\frac{dX_A}{dt} = K C_A^0 \left(\frac{1 - X_A}{1 + \varepsilon_A X_A}\right)$$

Reordenando variables e integrando se obtiene:

$$\int_0^{X_A} \frac{dX_A}{(1 - X_A)} = K \int_0^t dt$$

$$- Ln(1 - X_A) = Kt$$

Utilizando la ecuación del volumen variable , despejando X_A y reemplazando en la última ecuación integrada, se obtiene :

$$V = V_0(1 + \varepsilon_A X_A)$$

$$X_A = \frac{V}{V_0 \varepsilon_A} - \frac{1}{\varepsilon_A}$$

$$-Ln\left(1 - \frac{\Delta V}{V_0 \varepsilon_A}\right) = K * t$$

Determinamos el valor de K, con los datos que se nos proporciona:

$$-Ln\left(1 - \frac{0,6}{1,2}\right) = K * 20$$

$$K = 0,03466 \, min^{-1}$$

Ahora trabajaremos para las otras condiciones:

Como cambia la presión, entonces tenemos un sistema a volumen constante:

$$A \rightarrow 2,5\, R$$

$$3\, atm\, de\, A \quad \rightarrow \quad 6\, atm\, de\, R$$

$$2\, atm\, de\, I \quad \rightarrow \quad 2\, atm\, de\, I$$

Calculamos la presión de A que queda sin reaccionar:

$$P_A = 3 - 6,0\left(\frac{1}{2,5}\right) = 0,6\, atm$$

$$Ln\left(\frac{3}{0,6}\right) = 0,03466(t)$$

$$t = 46,435\, min$$

PROBLEMA N° 35

En la reacción : $2A + B \rightarrow R + S + 2T$; los datos cuando $[A]^0 = 800\frac{mmol}{L}$ y $[B]^0 = 2,0\frac{mmol}{L}$ son :

$10^3.t,(s)$	8	14	20	30	50	90
[B]/[B]o	0,836	0,745	0,68	0,582	0,452	0,318

Y los datos cuando $[A]^0 = 800\frac{mmol}{L}$ y $[B]^0 = 2.0\frac{mmol}{L}$ son :

$10^3.t,(s)$	8	20	50	90
[B]/[B]o	0,901	0,787	0,593	0,453

Determine la ecuación cinética y la constante de velocidad.

Solución:

Si presentamos la velocidad de reacción como:

$$-r_A = K * (C_A^0)^n * (C_B^0)^m$$

Como $[A]^0 \gg [B]^0$ entonces :

$$-r_A = K^I * (C_B^0)^m$$

$$K^I = K(C_A^0)^n$$

Trabajaremos con el primer grupo de datos: suponiendo una reacción de segundo orden.

Como se sabe:

$$\frac{C_B}{C_B^0} = h$$

$$C_B = h * C_B^0$$

Entonces :

$$\left(\frac{1}{C_B} - \frac{1}{C_B^0}\right) = K^I t$$

$10^3.t,(s)$	0	8	14	20	30	50	90
[B]	2,0	0,836	0,745	0,68	0,582	0,452	0,318
K^I		12,26	12,22	11,76	11,97	12,12	12,48

Como se puede observar el valor de K^I es casi constante; obtenemos ahora el valor de K^I promedio:

$$K^I = 12,135\frac{L}{mmol.\,s}$$

En forma análoga trabajamos para el segundo grupo de datos y se obtiene:

$10^3 t$,(s)	0	8	20	50	90
[B]	2,0	0,901	0,787	0,593	0,453
K		6,867	6,766	6,863	6,701

Como se puede observar el valor de K^I es casi constante; obtenemos ahora el valor de K^I promedio :

$$K^I = 6,8034 \frac{L}{mmol.\,s}$$

Si:

$$K^I = K(C_A^0)^n$$

$$LnK^I = LnK + nLn(C_A^0)$$

Tenemos la ecuación de una línea recta; por tanto:

Ln (K^I)	Ln[A]o
2,4961	6,6846
1,9174	6,3936

Evaluamos la pendiente:

$$n = \frac{2,4961 - 1,9174}{6,6846 - 6,3969} = 2$$

Entonces :

$$K^I = K(C_A^0)^2$$

$$K = \frac{K^I}{(C_A^0)^2}$$

$$K = \frac{12,135}{(800)^2} = 1,896 * 10^{-5}$$

$$K = \frac{6,8034}{(600)^2} = 1,8898 * 10^{-5}$$

Entonces. La constante promedio es:

$$K = 1{,}893 * 10^{-5}$$

Por tanto, la ecuación cinética es:

$$-r_A = 1{,}893 * 10^{-5} * C_A^2 * C_B^2$$

PROBLEMA N° 36

En un reactor de flujo en pistón se obtienen los siguientes datos de conversión para la pirolisis gaseosa de acetona a 520 °C y 1.0 atm de presión , la reacción es :

$$CH_3COCH_3 \rightarrow CH_2CO + CH_4$$

| Veloc.flujo;(g/h) | 130,0 | 50,0 | 21,0 | 10,8 |
| Conversión de acetona | 0,05 | 0,13 | 0,24 | 035 |

El reactor tenía 80 cm de longitud y un diámetro interior de 3.3 cm. ¿Qué ecuación de velocidad sugieren estos datos?

Solución:

Tenemos la velocidad de flujo y con ello se puede determinar el flujo de alimentación:

$$F_A^0 = \frac{veloc.\,flujo}{PM}$$

$$F_A^0 = v_0 * C_A^0$$

$$v_0 = \frac{F_A^0}{C_A^0}$$

$$PV = RTn$$

$$C_A^0 = \frac{P_A^0}{RT}$$

$$C_A^0 = \frac{1}{0{,}08205 * 793} = 0{,}01537 \; mol/L$$

Teniendo en cuenta, las ecuaciones desarrolladas y realizando los cálculos necesarios se obtiene el siguiente cuadro:

Veloc.flujo;(g/h)	130	50	21	10,8
F A o	2,2413	0,862	0,362	0,1862
XA	0,05	0,13	0,24	0,35
V o	145,82	56,083	23,552	12,115

La ecuación de diseño para el reactor tubular es:

$$\tau = C_A^0 \int_0^{X_A} \frac{dX_A}{-r_A}$$

$$\frac{V}{v_0} = \int_0^{X_A} \frac{dX_A}{-r_A}$$

Como el sistema es gaseoso, la velocidad de reacción, depende de volumen, por tanto:

$$C_A = \frac{n_A}{V} = \frac{n_A^0(1 - X_A)}{V_0(1 + \varepsilon_A X_A)} = C_A^0 \frac{(1 - X_A)}{(1 + \varepsilon_A X_A)}$$

Si la reacción es de segundo orden, tenemos:

$$-r_A = (C_A^0)^2 \left(\frac{1 - X_A}{1 + \varepsilon_A X_A}\right)^2$$

Reemplazando en la ecuación de diseño y realizando los artificios matemáticos necesarios, se tiene:

$$\tau = \frac{C_A^0}{K(C_A^0)^2} \int_0^{X_A} \frac{(1 + X_A)^2 dX_A}{(1 - X_A)^2}$$

Reordenando variables e integrando se obtiene:

$$\frac{K * V}{v_0} = \frac{1}{C_A^0} \int_0^{X_A} \frac{(1 + X_A)^2 dX_A}{(1 - X_A)^2}$$

$$K = \frac{v_0}{V(C_A^0)} \int_0^{X_A} \frac{(1 + X_A)^2 dX_A}{(1 - X_A)^2}$$

El valor de ε_A es 1. El mismo que ya fue reemplazado en las ecuaciones anteriores.

Evaluamos la integral para cada X_A que se muestra en el cuadro inicial, por el método grafico y reemplazando estos valores en la ecuación ultima para determinar K, se tiene:

X_A	0,05	0,13	0,24	0,35
Área	0,05554	0,1724024	0,410123	0,790897
K	11,83	14,1307	14,1167	14,003

Como se puede observar, los tres últimos valores de K son constantes, por tanto, obtenemos la K promedio.

$$K = 14{,}0834 \frac{L}{mol.\,h}$$

Finalmente, la ecuación cinética es de segundo orden.

PROBLEMA N° 37

Un alimento gaseoso A puro cuya concentración inicial es 1,25 mol A/L, entra en un reactor de flujo pistón cuyo volumen es de 3,5L. la cinética de conversión viene dada por $2{,}5\,A \rightarrow 1{,}5R$; y : $-r_A = 0{,}05\,C_A^{1.5}\frac{mol}{Ls}$

Hallar que velocidad de alimentación dará una concentración de salida de 0,55 mol/L.

Solución:

Ecuación de diseño de un reactor tubular:

$$\tau = C_A^0 \int_0^{X_A} \frac{dX_A}{-r_A}$$

Como se trata de un sistema gaseoso, debemos determinar el valor de ε_A :

$$\varepsilon_A = \frac{1{,}5 - 2{,}5}{2{,}5} = -0{,}4$$

Entonces:

$$-r_A = 0,05(C_A^0)^{1,5}\left(\frac{1-X_A}{1-0,4X_A}\right)^{1,5}$$

Reemplazando en la ecuación de diseño, se obtiene:

$$\tau = \frac{V}{v_0} = C_A^0 \int_0^{X_A} \frac{dX_A}{0,05(C_A^0)^{1,5}\left(\frac{1-X_A}{1-0,4X_A}\right)^{1,5}}$$

Ahora determinamos X_A :

Si

$$C_A = C_A^0\left(\frac{1-X_A}{1-\varepsilon_A X_A}\right)$$

Despejamos X_A :

$$X_A = \frac{C_A^0 - C_A}{C_A^0 + C_A\varepsilon_A}$$

Reemplazando valores, tenemos:

$$X_A = \frac{1,25 - 0,55}{1,25 - 0,4*0,55}$$

$$X_A = 0,6796$$

Entonces la ecuación de diseño con los límites de integración es:

$$\tau = \frac{V}{v_0} = C_A^0 \int_0^{0,6796} \frac{dX_A}{0,05(C_A^0)^{1,5}\left(\frac{1-X_A}{1-0.4X_A}\right)^{1,5}}$$

Reordenando y realizando los artificios matemáticos, se tiene:

$$\frac{V}{v_0} = \frac{1}{0,05(C_A^0)^{0,5}}\int_0^{0,6796}\frac{(1-0.4X_A)^{1.5}dX_A}{(1-X_A)^{1.5}}$$

Realizamos la integración, por el método gráfico:

X_A	Q	A
0	1	
0,1	1,10165	0,105083
0,2	1,23324	0,116745
0,3	1,40954	0,132139
0,4	1,65650	0,153302
0,5	2,02386	0,184018
0,55	2,28204	0,107648
0,6	2,61897	0,122525
0,64	2,97102	0,111800
0,6796	3,42611	0,126663
	Total	**1,159923**

Entonces;

$$\frac{V}{v_0} = \frac{1}{0,05(C_A^0)^{0,5}}[1,159923] = 20,7493$$

$$v_0 = \frac{V}{20,7493} = \frac{3,5}{20,7493}$$

$$v_0 = 0,1687 \; L/s$$

PROBLEMA N° 38

La sustancia residual A gaseosa (1120 L/h; 1,25 mol A/L) pasa a convertirse en el material R gaseoso, según la reacción.

$$2\,A \;\rightarrow\; 3,5\,R$$

$$-r_A = \frac{2C_A}{1 + 0,5C_A}$$

El material R está cotizado en 1,2 \$/mol R. el costo del alimento es de 0,48 \$/mol A y el del reactor tipo tanque es de 0.28\$/L.h, hallar los parámetros óptimos del proceso (V, XA, FR y el beneficio horario) y determinar si el proceso es rentable.

Solución:

V_o = 1120 L/h

$C_A°$ = 1,25 mol/L

$$2\,A \;\rightarrow\; 3,5\,R$$

$$\varepsilon_A = \frac{3,5 - 1,5}{1,5} = 1{,}333$$

$$-r_A = \frac{2C_A}{1 + 0{,}5C_A}$$

P_R = 1,2\$/mol R $\qquad$ P_A= 0,48 \$/mol A $\qquad$ P_{Eq}= 0,28\$/L.h

$$B.B = F_R P_R - F_A^o P_A - P_{Eq} V$$

$$B.B = 1{,}2 F_R - 0{,}48 F_A^o - 0{,}28.V$$

$$F_A^o = v_0 . C_A^o$$

$$F_A^o = 1120 * 1.25 = 1400\ mol\ \text{A/h}$$

$$F_R = F_A^o . X_A$$

$$F_R = \frac{3{,}5}{2}\, F_A^o . X_A$$

$$F_R = 2450 . X_A$$

Reemplazando en la ecuación, se obtiene:

$$B.B = 1{,}2(2450 X_A) - 0{,}48 * 1400 - 0{,}28V$$

$$B.B = 2940 . X_A - 672 - 0{,}28V$$

Realizamos el balance de materia en el reactor tipo tanque, para determinar el volumen:

$$\tau = \frac{C_A^o X_A}{-r_A} = \frac{C_A^o X_A}{\dfrac{2C_A}{1 + 0{,}5C_A}} = \frac{C_A^o X_A (1 + 0{,}5C_A)}{2C_A}$$

Como estamos trabajando con gases, se tiene que determinar el volumen en base a los cambios del mismo:

$$\tau = \frac{C_A^o X_A \left[1 + 0{,}5C_A \left(\frac{1 - X_A}{1 + \varepsilon_A . X_A}\right)\right]}{2C_A^o \left(\frac{1 - X_A}{1 + \varepsilon_A . X_A}\right)}$$

$$V = \frac{v_o X_A (1 + \varepsilon_A . X_A + 0{,}5C_A^o (1 - X_A))}{2(1 - X_A)}$$

$$V = 560 \left[\frac{X_A (1 + 0{,}75X_A + 0{,}625 - 0{,}625X_A)}{1 - X_A}\right]$$

$$V = 560 \left[\frac{1{,}625X_A + 0{,}125X_A^2}{1 - X_A}\right]$$

Reemplazando el valor de V en la última ecuación de B.B, se obtiene:

$$B.B = 2940X_A - 672 - 0{,}28x560 \left[\frac{1{,}625X_A + 0{,}125X_A^2}{1 - X_A}\right]$$

$$B.B = 2940X_A - 672 - 156{,}8 \left[\frac{1{,}625X_A + 0{,}125X_A^2}{1 - X_A}\right]$$

Resolviendo por iteración:

$$X_A = 0{,}7$$

$$B.B = 759{,}45 \ \$/h$$

$$V = 2237{,}67 \ L$$

El proceso es rentable.

PROBLEMA N°39

Un alimento gaseoso A con concentración inicial de 1,85 mol A/L y cuyo costo es de 2,35 \$/mol A, se convierte en el producto R, cuyo precio de venta es de 5,75 \$/mol R, en un reactor tipo tanque cuyo volumen es de 1,2 m^3.

La reacción es: $2.5 \ A \ \rightarrow \ 3 \ R$; y la cinética viene expresada como:

$$-r_A = \frac{0{,}8C_A}{0{,}75 + 1{,}2C_A}$$

Si el costo del equipo y los auxiliares es de 0,90 \$/L.h

Determinar las condiciones óptimas de operación para obtener un beneficio máximo.

Solución:

V = 1200 L = 1,2 m³

$C_A^o = 1,85 \ mol/$ L

$$2.5 \ A \ \rightarrow \ 3 \ R$$

$$\varepsilon_A = \frac{3 - 2,5}{2,5} = 0,2$$

$$-r_A = \frac{0,8C_A}{0,75 + 1,2C_A}$$

P_R = 5,75 \$/mol R   P_A = 2,35 \$/mol A   P_{Eq} = 0,90\$/L.h

$$B.B = F_R P_R - \ F_A^o P_A - \ P_{Eq} V$$

$$B.B = 5,75F_R - \ 2,35F_A^o - \ 0,90.V$$

$$F_R = F_A^o . X_A$$

$$F_R = \ \frac{3}{2,5} \ F_A^o . X_A$$

$$B.B = \frac{5,75x3F_A^o . X_A}{2,5} - 2,35F_A^o - 0,90.V$$

$$B.B = 6,9F_A^o . X_A - \ 2,35F_A^o - 0,90.V$$

$$B.B = 6,9v_o C_A^o . X_A - \ 2,3v_o C_A^o - 0,90.V$$

Hacemos el balance en el reactor tipo tanque, y sabiendo que la reacción es en fase gaseosa:

$$\tau = \frac{C_A^o . X_A}{\dfrac{0,8C_A}{0,75 + 1,2C_A}} = \frac{(0,75 + 1,2C_A)C_A^o . X_A}{0,8C_A}$$

$$\tau = \frac{\left[0,75 + 1,2C_A^o \left(\dfrac{1 - X_A}{1 + \varepsilon_A X_A}\right)\right] C_A^o . X_A}{0,8C_A^o \left(\dfrac{1 - X_A}{1 + \varepsilon_A X_A}\right)}$$

$$\tau = \frac{(0,75 + 0,75\varepsilon_A X_A + 1,2C_A^o - 1,2C_A^o . X_A)X_A}{0,8(1 - X_A)}$$

Reemplazamos el valor de C_A^o, y despejamos el valor de v_o:

$$\tau = \frac{(0,75 + 1,5X_A + 2,22 - 2,22.X_A)X_A}{0,8(1 - X_A)}$$

$$\tau = \frac{V}{v_o} = \frac{(2,97 - 2,07.X_A)X_A}{0,8(1 - X_A)}$$

$$v_o = \frac{1200x0,8(1 - X_A)}{(2,97 - 2,07.X_A)X_A} = \frac{960(1 - X_A)}{(2,97 - 2,07.X_A)X_A}$$

Reemplazando estos valores en la última ecuación de B.B, se obtiene:

$$B.B = \frac{6,9x960(1 - X_A)C_A^o.X_A}{(2,97 - 2,07.X_A)X_A} - \frac{2,35x960(1 - X_A)C_A^o}{(2,97 - 2,07.X_A)X_A} - 1080$$

$$B.B = \frac{12254,4(1 - X_A)}{2,97 - 2,07.X_A} - \frac{4173,6(1 - X_A)}{(2,97 - 2,07.X_A)X_A} - 1080$$

Por iteración, determinamos:

X_A = 0,66

B.B = 177,3 \$/h

V_o = 308.36 L/h

PROBLEMA N° 40

Un alimento gaseoso A con concentración inicial de 1,85 mol A/L y cuyo costo es de 2,35 \$/mol A, se convierte en el producto R, cuyo precio de venta es de 5,75 \$/mol R, en un reactor de flujo pistón cuya producción debe ser de 2150 mol R/h. la reacción es: $3,5\,A \rightarrow 2,5\,R$; y la cinética viene expresada como: $-r_A = 2C_A^2$; si el costo del equipo y los auxiliares es de 0,90 \$/L.h Determinar las condiciones óptimas de operación para obtener un beneficio máximo.

Solución:

F_R = 2150 mol R /h

$C_A^°$ = 1,85 mol/L

$$3,5\,A \rightarrow 2,5\,R$$

$$\varepsilon_A = \frac{2,5 - 3,5}{3,5} = -0,2857$$

$$-r_A = 2C_A^2$$

$P_R = 5{,}75$ \$/mol R $\qquad P_A = 2{,}35$ \$/mol A $\qquad P_{Eq} = 0{,}90$ \$/L.h

$$B.B = F_R P_R - F_A^o P_A - P_{Eq} V$$

$$B.B = 5{,}75 F_R - 2{,}35 F_A^o - 0{,}90 . V$$

$$F_R = F_A^o . X_A$$

$$F_A^o = \frac{3{,}5 F_R}{2{,}5 X_A}$$

$$B.B = 2150 x 5{,}75 - \frac{2{,}35 x 3{,}5 F_R}{2{,}5 X_A} - 0{,}9 V$$

$$B.B = 12362{,}5 - \frac{7073{,}5}{X_A} - 0{,}9 V$$

Hacemos el balance en el reactor de flujo pistón, y sabiendo que la reacción es en fase gaseosa:

$$\tau = C_A^o \int_0^{X_A} \frac{dX_A}{-r_A}$$

$$-r_A = 2(C_A^o)^2 \left(\frac{1 - X_A}{1 + \varepsilon_A X_A} \right)^2$$

$$\tau = C_A^o \int_0^{X_A} \frac{dX_A}{2(C_A^o)^2 \left(\frac{1 - X_A}{1 + \varepsilon_A X_A} \right)^2}$$

$$\tau = \frac{1}{2 C_A^o} \int_0^{X_A} \left[\frac{1 + \varepsilon_A X_A}{1 - X_A} \right]^2 dX_A$$

$$V = \frac{v_0}{2 C_A^o} \int_0^{X_A} \left[\frac{1 + \varepsilon_A X_A}{1 - X_A} \right]^2 dX_A$$

$$F_A^o = v_0 . C_A^o$$

$$v_0 = \frac{3{,}5 F_R}{2{,}5 C_A^o X_A}$$

$$V = \frac{3{,}5 F_R}{5 C_A^o X_A} \int_0^{X_A} \left[\frac{1 + \varepsilon_A X_A}{1 - X_A} \right]^2 dX_A$$

$$V = \frac{439{,}74}{X_A} \int_0^{X_A} \left[\frac{1 - 0{,}2857 X_A}{1 - X_A} \right]^2 dX_A$$

Reemplazando estos valores en la última ecuación de B.B, se obtiene:

$$B.B = 12362,5 - \frac{7073,5}{X_A} - \frac{395,766}{X_A}\int_0^{X_A}\left[\frac{1-0,2857X_A}{1-X_A}\right]^2 dX_A$$

Por iteración, determinamos:

$$X_A = 0,85$$

B.B = 2294,82 $/h

V = 1940 L

F_{Ao} = 3541,17 mol A/h

PROBLEMA N° 41

Se tiene que diseñar un reactor de mezcla perfecta para producir 92500 toneladas de etilenglicol al año por medio del hidrólisis del óxido de etileno. La reacción que tiene lugar en el reactor es la siguiente:

$$H_2C\!-\!CH_2 \ + \ H_2O \ \longrightarrow \ HOCH_2CH_2OH$$

La reacción se lleva a cabo de forma isotérmica. La temperatura de trabajo elegida es de 55°C. Antes de la entrada al reactor se mezclan dos corrientes tal como se indica en la figura. Una corriente está compuesta por una solución de 0,06g/cm³ de óxido de etileno.

La otra corriente es una solución acuosa. Las dos corrientes tienen el mismo caudal volumétrico. Determinar el volumen necesario del reactor para alcanzar una conversión del 80%. La constante de velocidad tiene un valor de 0,311 min⁻¹.

Solución:

Cantidad a producir de etilenglicol en mol/min.

$$F_R = 92500\, Tm/año \left(\frac{1000Kg}{Tm}\right)\left(\frac{año}{365\,días}\right)\left(\frac{día}{24h}\right)\left(\frac{h}{60min}\right)$$

$$F_R = 175,99\, Kg/min.$$

$$F_R = 175,99\, Kg/min\left(\frac{1000g}{Kg}\right)\left(\frac{mol}{62g}\right)$$

$$F_R = 2838,55\, mol/min$$

$X_A = 0,8$ entonces:

$$F_A^0 = F_R/X_A$$

$$F_A^0 = \frac{2838,55}{0,8} = 3548,19 \; mol \; A/min$$

Determinamos la concentración inicial de A

$$C_A^o = 0,06 \, g/cm^3 \left(\frac{1000 cm^3}{L}\right)\left(\frac{mol}{44g}\right) = 1,364 \; mol \; A/L$$

Conociendo la concentración y el flujo molar de A, determinamos el flujo volumétrico:

$$v_o = \frac{F_A^0}{C_A^o} = \frac{3548,19}{1,364} = 2601,31 \; L/min$$

Si el flujo volumétrico de A es igual al flujo volumétrico de B, entonces el flujo volumétrico total es:

V_o= 5202,62 L/min

La concentración inicial de A en el reactor es:

$C_{A, reactor}$ = 0,682 mol A/L.

La ecuación de diseño para el reactor tipo tanque es:

$$V = \frac{v_o C_A^o X_A}{-r_A}$$

Si K = 0,311 min^{-1} la cinética de la reacción es de primer orden, por tanto:

$$V = \frac{v_o C_A^o X_A}{0,311 C_A^o (1 - X_A)}$$

$$V = \frac{5202,62 x 0,8}{0,311 x 0,2} = 66914.73 \; L$$

$$V = 66,92 \; m^3$$

PROBLEMA N° 42

Se alimenta a un reactor tipo tanque de flujo continuo con una solución de acetato de etilo de normalidad $1,21*10^{-2}$ y una solución de NaOH con normalidad $4,26*10^{-2}$ con gastos de 11,2m^3/h y 11,3 m^3/h, respectivamente. El reactor está compuesto por un solo recipiente y contiene 6m^3 de licor que está en proceso de reacción. Si se sabe que la constante de rapidez de la reacción de hidrólisis es de $11{,}0*10^{-2}$ m^3/kmol. s, calcular la normalidad de la solución de acetato de etilo que se hidrolizó.

Solución:

Se tiene una reacción de la forma siguiente:

$$CH_3COOCH_2CH_3 + NaOH \rightarrow R + S$$

$$A + B \qquad \rightarrow \qquad R + S$$

$$C_A^O = 1{,}21 * 10^{-2}N = 1{,}21 * 10^{-2}M$$

$$C_B^O = 4{,}26 * 10^{-2}N = 4{,}26 * 10^{-2}M$$

$$V_{otA} = 11{,}2 \ m^3/h$$

$$V_{oB} = 11{,}3 \ m^3/h$$

$$\text{Volumen} = 6 \ m^3$$

La ecuación de diseño es:

$$\tau = \frac{C_A^o X_A}{-r_A}$$

$$-r_A = k C_A C_B$$

$$C_A = C_A^0(1 - X_A) \qquad y \ C_B = C_B^0 - X_A C_A^o$$

Pero:

$$C_B = C_A^0(Z - X_A)$$

Donde:

$$Z = C_B^0/C_A^0$$

Reemplazamos en la ecuación de diseño:

$$-r_A = k C_A^0(1 - X_A) C_A^0(Z - X_A)$$

$$\tau = \frac{C_A^0 X_A}{k(C_A^0)^2(1 - X_A)(Z - X_A)}$$

$$\tau = \frac{X_A}{k C_A^0(1 - X_A)(Z - X_A)}$$

$$\frac{V}{v_o} = \frac{X_A}{k C_A^0(1 - X_A)(Z - X_A)}$$

Para reemplazar los valores, debemos uniformizar las unidades de los datos:

$K = 11*10^{-2}$ m³/Kmol.s

$V_{oA} = 3{,}111*10^{-3}$ m³/s

$V_{oB} = 3{,}139*10^{-3}$ m³/s

$V_{oT} = 6{,}25*10^{-3}$ m³/s

$$C_A^0 = 1{,}21 * 10^{-2} Kmol/m^3$$

$$C_B^0 = 4{,}26 * 10^{-2} Kmol/m^3$$

Pero, las concentraciones iniciales de A y B en el reactor son:

$$C_A^0 = \frac{1{,}21 * 10^{-2} * 3{,}111 * 10^{-3}}{6{,}25 * 10^{-3}} = 6{,}023 * 10^{-3} \, Kmol/m^3$$

$$C_A^0 = \frac{4{,}26 * 10^{-2} * 3{,}139 * 10^{-3}}{6{,}25 * 10^{-3}} = 0{,}0214 \, Kmol/m^3$$

Reemplazando valores:

$$\frac{6}{6{,}25 * 10^{-3}} = \frac{X_A}{11 * 10^{-2} * 6{,}023 * 10^{-3}(1 - X_A)(Z - X_A)}$$

$$Z = \frac{C_B^0}{C_A^0} = 3{,}553$$

Operando y en función a X_A se obtiene:

$$0{,}63603 = \frac{X_A}{(1 - X_A)(3{,}553 - X_A)}$$

Resolviendo por iteración:

Para $X_A = 0{,}648775$ se obtiene 0,63603

$$C_{A,hidrolizado} = C_A^o X_A$$

$$C_{A,hidrolizado} = 6{,}023 * 10^{-3} * 0{,}648775$$

$$C_{A,hidrolizado} = 3{,}9075 * 10^{-3} \, Kmol/m^3 = 3{,}9076 * 10^{-3} M$$

PROBLEMA N° 43

Los datos para la descomposición del ácido dibromosuccínico $C_2H_2Br_2(COOH)_2$ en un reactor intermitente:

Tiempo	(min)	0	10	20	30	40	50
Ácido	(g)	5,11	3,77	2,74	2,02	1,48	1,08

a. Determinar la cinética química de la reacción.

b. Encuentre el tiempo requerido para que en un reactor isotérmico intermitente la concentración del ácido dibromosuccínico se reduzca de 5 g/L a 1,5g/L.

c. Encuentre el tamaño que debe tener un reactor de tanque agitado y de flujo continuo, que funciona en condiciones isotérmicas, para lograr la misma conversión de ácido dibromosuccínico si en estado estable la velocidad de flujo es de 50L/min.

Solución:

Si el peso molecular del ácido dibromosuccínico es 276g/mol. Obtenemos para cada tiempo la concentración:

$$C_A = \frac{5{,}11}{276} = 0{,}0185 \; mol/L$$

Del mismo modo hacemos el cálculo para cada tiempo y tenemos la tabla siguiente:

T	(min)	0	10	20	30	40	50
Ácido	g/L	5,11	3,77	2,74	2,02	1,48	1,08
$C_{ácido}$	mol/L	0,0185	0,01366	0,009927	0,007314	0,003362	0,003913

Teniendo en cuenta la concentración con respecto al tiempo y asumiendo una reacción de primer orden:

$$Ln(C_A^o/C_A) = K.t$$

Despejando K obtenemos:

K1 = 0,03033

K2 = 0,0311

K3 = 0,0309

K4 = 0,03096

K5 = 0,03107

De donde:

K = 0,030872 min^{-1}

$-r_A$ = 0,030872C$_A$.

Para el reactor intermitente:

$$C_A{}^o = \frac{5,11}{276} = 0,0185 \; mol/L$$

$$C_A = \frac{1,5}{276} = 5,348 * 10^{-3} \; mol/L$$

La ecuación de diseño es:

$$t = C_A{}^o \int_0^{X_A} \frac{dX_A}{-r_A}$$

Reemplazando datos tenemos:

$$t = C_A{}^o \int_0^{X_A} \frac{dX_A}{0,030872 * C_A^0(1 - X_A)}$$

$$t = \frac{1}{0,030872} \int_0^{X_A} \frac{dX_A}{(1 - X_A)}$$

Integrando entre los límites de 0 a X$_A$ se tiene:

t = 32,392*(-Ln(1-X$_A$))

t = 39,53 min

Para el reactor tipo tanque

Diseño de ecuación para el reactor tipo tanque:

$$\tau = \frac{C_A{}^o X_A}{-r_A} \quad \text{pero Vo = 50 L/min}$$

$$\tau = \frac{C_A{}^o X_A}{0,030872 * C_A^0(1 - X_A)} = \frac{V}{50}$$

Reemplazando valores, se tiene:

$$V = \frac{50 X_A}{0,030872 * (1 - X_A)}$$

V = 3870 L

PROBLEMA N° 44

Un alimento gaseoso A puro cuya concentración inicial es 1,25 mol A/L, entra en un reactor de flujo pistón cuyo volumen es de 3,5L. La cinética de conversión viene dada por $2,5\,A \rightarrow 1,5R$; y $: -r_A = 0,05C_A^{1.5}\ \frac{mol}{L*s}$

Hallar que velocidad de alimentación dará una concentración de salida de 0,55 mol/L.

Solución:

Ecuación de diseño de un reactor tubular:

$$\tau = C_A^0 \int_0^{X_A} \frac{dX_A}{-r_A}$$

Como se trata de un sistema gaseoso, debemos determinar el valor de ε_A :

$$\varepsilon_A = \frac{1,5 - 2,5}{2,5} = -0,4$$

Entonces:

$$-r_A = 0,05(C_A^0)^{1,5}\left(\frac{1 - X_A}{1 - 0,4X_A}\right)^{1,5}$$

Reemplazando en la ecuación de diseño, se obtiene:

$$\tau = \frac{V}{v_0} = C_A^0 \int_0^{X_A} \frac{dX_A}{0,05(C_A^0)^{1,5}\left(\dfrac{1 - X_A}{1 - 0,4X_A}\right)^{1,5}}$$

Ahora determinamos X_A :

Si

$$C_A = C_A^0 \left(\frac{1 - X_A}{1 - \varepsilon_A X_A}\right)$$

Despejamos X_A :

$$X_A = \frac{C_A^0 - C_A}{C_A^0 + C_A \varepsilon_A}$$

Reemplazando valores, tenemos:

$$X_A = \frac{1,25 - 0,55}{1,25 - 0,4 \times 0.55} = 0,6796$$

Entonces la ecuación de diseño con los límites de integración es:

$$\tau = \frac{V}{v_0} = C_A^0 \int_0^{0,6796} \frac{dX_A}{0,05(C_A^0)^{1,5}\left(\frac{1-X_A}{1-0,4X_A}\right)^{1,5}}$$

Reordenando y realizando los artificios matemáticos, se tiene:

$$\frac{V}{v_0} = \frac{1}{0,05(C_A^0)^{0,5}} \int_0^{0,6796} \frac{(1-0,4X_A)^{1,5}dX_A}{(1-X_A)^{1,5}}$$

Realizamos la integración, por el método gráfico:

X A	Q	A
0	1	
0,1	1,10165	0,105083
0,2	1,23324	0,116745
0,3	1,40954	0,132139
0,4	1,65650	0,153302
0,5	2,02386	0,184018
0,55	2,28204	0,107648
0,6	2,61897	0,122525
0,64	2,97102	0,111800
0,6796	3,42611	0,126663
	Total	**1,159923**

Entonces;

$$\frac{V}{v_0} = \frac{1}{0,05(C_A^0)^{0,5}}[1,159923] = 20,7493$$

$$v_0 = \frac{V}{20,7493} = \frac{3.5}{20,7493}$$

$$v_0 = 0,1687 \; L/s$$

PROBLEMA N° 45

Se desea elevar la conversión del reactante gaseoso A del 40% al 80% en un reactor de flujo de mezclado manteniendo la misma velocidad de alimentación.

Determinar el aumento necesario de volumen del reactor teniendo en cuenta las siguientes cinéticas de reacción:

a. $3A \rightarrow R$: $\quad$ -r_A = KC_A

b. $A \rightarrow 2R$: $\quad$ -r_A = KC_A^2

SOLUCIÓN:

Para la condición a:

X_{A1} = 0,4

X_{A2} = 0,8

V_2 =?

$$3A \rightarrow R$$

$$-r_A = KC_A$$

$$\varepsilon_A = \frac{1-3}{3} = -0,667$$

$$-r_A = KC_A^o \left(\frac{1-X_A}{1+\varepsilon_A X_A}\right) = KC_A^o \left(\frac{1-X_A}{1-0,6667X_A}\right)$$

Para la conversión de 40%, la ecuación de diseño es:

$$\tau_1 = \frac{C_A^{\,o} X_{A1}}{KC_A^o \left(\dfrac{1-X_{A1}}{1-0,6667X_{A1}}\right)}$$

Despejamos el volumen V:

$$V_1 = \frac{v_o}{K}\frac{X_{A1}(1-0,6667X_{A1})}{(1-X_{A1})}$$

Por analogía, para la conversión del 80%, el volumen es:

$$V_2 = \frac{v_o}{K}\frac{X_{A2}(1-0,6667X_{A2})}{(1-X_{A2})}$$

Entonces la razón de V_2 a V_1 es:

$$\frac{V_2}{V_1} = \frac{\dfrac{X_{A2}(1-0,6667X_{A2})}{(1-X_{A2})}}{\dfrac{X_{A1}(1-0,6667X_{A1})}{(1-X_{A1})}}$$

Reemplazando valores y haciendo las operaciones matemáticas correspondientes, se obtiene:

$$\frac{V_2}{V_1} = \frac{1{,}86656}{0{,}4888} = 3{,}818$$

El aumento necesario de volumen es:

$$V_2 = 3{,}818 . V_1$$

Para el caso b.

$$A \rightarrow 2R$$

$$-r_A = K C_A^2$$

$$\varepsilon_A = \frac{2-1}{1} = 1$$

$$-r_A = K(C_A^o)^2 \left(\frac{1-X_A}{1+\varepsilon_A X_A}\right)^2 = K(C_A^o)^2 \left(\frac{1-X_A}{1+X_A}\right)^2$$

Para la conversión de 40%, la ecuación de diseño es:

$$\tau_1 = \frac{C_A{}^o X_{A1}}{K(C_A^o)^2 \left(\frac{1-X_{A1}}{1+X_{A1}}\right)^2}$$

Despejamos el volumen V:

$$V_1 = \frac{v_o}{K} \frac{X_{A1}(1+X_{A1})^2}{C_A^o(1-X_{A1})^2}$$

Por analogía, para la conversión del 80%, el volumen es:

$$V_2 = \frac{v_o}{K} \frac{X_{A2}(1+X_{A2})^2}{C_A^o(1-X_{A2})^2}$$

Entonces la razón de V_2 y V_1 es:

$$\frac{V_2}{V_1} = \frac{\dfrac{X_{A2}(1+X_{A2})^2}{(1-X_{A2})^2}}{\dfrac{X_{A1}(1+X_{A1})^2}{(1-X_{A1})^2}}$$

Reemplazando valores y haciendo las operaciones matemáticas correspondientes, se obtiene:

$$\frac{V_2}{V_1} = \frac{64{,}8}{21{,}778} = 29{,}76$$

El aumento necesario de volumen es:

$$V_2 = 29{,}76 . V_1$$

PROBLEMA N° 46

La descomposición del reactante A es estudiada en fase gaseosa a 100°C, cuya estequiometria es:

$$2A \rightarrow R + 2S$$

Y su cinética química se expresa como:

$$-\frac{dP_A}{dt} = 0{,}9892 * 10^{-2}(s)^{-1}P_A$$

Esta ecuación es lo mismo que:

$$-\frac{dC_A}{dt} = 0{,}9892 * 10^{-2}(s)^{-1}C_A$$

Porque:

$$C_A = \frac{P_A}{RT}$$

$$dC_A = \frac{1}{RT}dP_A$$

Para el reactor tubular la ecuación de diseño es:

$$\tau = C_A^0 \int_0^{X_A} \frac{dX_A}{-r_A} = \frac{dX_A}{0{,}9892 * 10^{-2}C_A}$$

Si:

$$-C_A = C_A^o \left(\frac{1 - X_A}{1 + \varepsilon_A X_A}\right)$$

Reemplazando en la ecuación de diseño, se obtiene:

$$\tau = \frac{C_A^0}{0{,}9892 * 10^{-2}C_A} \int_0^{X_A} \frac{(1 + \varepsilon_A X_A)dX_A}{(1 - X_A)}$$

Integrando y llevando a los límites de $X_A = 0$ hasta $X_A = X_A$:

$$\frac{V}{F_A^0} = \frac{1}{0{,}9892 * 10^{-2}C_A}\left[(1 + \varepsilon_A)Ln\left(\frac{1}{1 - X_A}\right) - \varepsilon_A X_A\right]$$

Trabajando como gas ideal:

$$PV = nRT$$

$$C_A = \frac{P_A}{RT}$$

$$C_A^0 = \frac{P_A{}^o}{RT}$$

$$\frac{V}{F_A^0} = \frac{RT}{0{,}9892 * 10^{-2}P_A{}^o}\left[(1 + \varepsilon_A)Ln\left(\frac{1}{1 - X_A}\right) - \varepsilon_A X_A\right]$$

Si:

$$F_A^0 = 100 mol/h = 1/36\, mol/s$$

Determinamos el valor de ε_A por tratarse de gases:

Si la alimentación es 1 mol: $\begin{bmatrix} 0{,}8 & molA \\ 0{,}2 & molI \end{bmatrix} = 1$

Cuando X_A = 1 $\begin{bmatrix} 0{,}4 & molR \\ 0{,}8 & molS \\ 0{,}2 & molI \end{bmatrix} = 1{,}4$

$$\varepsilon_A = \frac{1{,}4 - 1}{1} = 0{,}4$$

$$V = \frac{RT.F_A^0}{0{,}9892 * 10^{-2}P_A{}^o}\left[(1 + 0{,}4)Ln\left(\frac{1}{1 - X_A}\right) - 0{,}4X_A\right]$$

Reemplazando valores:

$$V = \frac{0{,}08205 * 373}{0{,}9892 * 10^{-2} * 1 * 36}\left[(1{,}4)Ln\left(\frac{1}{1 - 0{,}95}\right) - 0{,}4 * 0{,}95\right]$$

$$V = 327{,}78\, L$$

Para el reactor tipo tanque:

La ecuación de diseño se hace como:

$$\tau = \frac{C_A{}^o X_A}{0{,}9892 * 10^{-2}C_A^o\left(\dfrac{1 - X_A}{1 + \varepsilon_A X_A}\right)}$$

$$\tau = \frac{X_A(1 + \varepsilon_A X_A)v_o}{0{,}9892 * 10^{-2}C_A^o(1 - X_A)}$$

Despejando el volumen, tenemos:

$$V = \frac{X_A(1 + \varepsilon_A X_A)v_o}{0{,}9892 * 10^{-2}(1 - X_A)}$$

Hallamos el valor de Vo:

$$F_A^0 = v_o C_A{}^o$$

$$v_o = \frac{F_A^0 RT}{P_A{}^o} = \frac{RT}{36}$$

$$v_o = 0,85 L/s$$

Reemplazando valores, se obtiene que el V es:

$$V = \frac{X_A(1 + \varepsilon_A X_A)v_o}{0,9892 * 10^{-2}(1 - X_A)}$$

$$V = \frac{0,95 * (1 + 0,4 * 0,95) * 0,85}{0,9892 * 10^{-2}(1 - 0,95)}$$

$$V = 2253,03 \ L$$

REFERENCIA BIBLIOGRÁFICA

- Denbigh, K.G. y Turner, J.C.R. (1990). *Introducción a la teoría de los reactores químicos.* Limusa.

- Fogler, H.S. (1992). *Elements of Chemical Reaction engineering* (5.ª ed.). Prentice Hall International

- Levine, I.N. (1996). *Fisicoquímica.*McGraw Hill- Interamericana de España

- Levenspiel, O. (1982). *Ingeniería de las Reacciones Químicas* (2.ª ed.). Reverté S.A

- Levenspiel, O. (1986). *El Omnilibro de los Reactores Químicos* (1.ª ed.). Reverté S.A

- Russell, T.W.F. y Denn, M.M. (1976). Introducción al análisis en Ingeniería Química. Limusa

I want morebooks!

Buy your books fast and straightforward online - at one of world's fastest growing online book stores! Environmentally sound due to Print-on-Demand technologies.

Buy your books online at
www.morebooks.shop

¡Compre sus libros rápido y directo en internet, en una de las librerías en línea con mayor crecimiento en el mundo! Producción que protege el medio ambiente a través de las tecnologías de impresión bajo demanda.

Compre sus libros online en
www.morebooks.shop

KS OmniScriptum Publishing
Brivibas gatve 197
LV-1039 Riga, Latvia
Telefax: +371 686 204 55

info@omniscriptum.com
www.omniscriptum.com

Printed by Books on Demand GmbH, Norderstedt / Germany